成功家教
事典剖析

本册编著◎刘　琦
　　　　　刘建平

吉林出版集团股份有限公司
全国百佳图书出版单位

吉林·长春

图书在版编目（CIP）数据

成功家教事典剖析 / 刘琦，刘建平编著. -- 长春 : 吉林出版集团股份有限公司，2021.6（2023.9重印）
（中华美德与家教家风丛书）
ISBN 978-7-5581-9360-6

Ⅰ.①成… Ⅱ.①刘… ②刘… Ⅲ.①家庭道德—中国—通俗读物 Ⅳ.①B823.1-49

中国版本图书馆CIP数据核字(2020)第216361号

CHENGGONG JIAJIAO SHIDIAN POUXI
**成功家教事典剖析**

| 丛书主编 | 徐 潜 |
|---|---|
| 编 著 | 刘琦 刘建平 |
| 责任编辑 | 杨 爽 金 昊 |
| 装帧设计 | 李 鑫 |

| 出 版 | 吉林出版集团股份有限公司 |
|---|---|
| 发 行 | 吉林出版集团社科图书有限公司 |
| 地 址 | 吉林省长春市南关区福祉大路5788号 邮编：130118 |
| 印 刷 | 山东新华印务有限公司 |
| 电 话 | 0431-81629711（总编办） |
| 抖 音 号 | 吉林出版集团社科图书有限公司 37009026326 |

| 开 本 | 710 mm×1000 mm 1 / 16 |
|---|---|
| 印 张 | 14 |
| 字 数 | 200 千 |
| 版 次 | 2021年6月第1版 |
| 印 次 | 2023年9月第2次印刷 |

| 书 号 | ISBN 978-7-5581-9360-6 |
|---|---|
| 定 价 | 48.00 元 |

如有印装质量问题，请与市场营销中心联系调换。0431-81629729

# 前　言

人们常说：父母是孩子的第一任老师，也是孩子终身的老师。这句话就是从家庭教育的层面上说的。任何一个人从小到大，或多或少，或好或坏，都会受到来自父母和家庭的教育，无论这种教育是自觉的，还是不自觉的，都会深入骨髓，留在下一代的生命中，以至于代代相传，进化成某一个家族的文化特征。从这个角度来看，家庭教育既是一种社会的文化活动，也是一种生命的进化活动。如果我们把审视家庭教育的目光，从某个家庭扩展到整个社会，乃至整个民族，就会豁然惊叹，家庭教育会通过无数个小小的家庭，使整个社会蔚然成风，使整个民族蔚为大观。

大家都说，中华文化源远流长，但谁也说不清楚，这股文化的清流，是如何穿过几千年的历史流淌至今。经历王朝的更迭、世事的变迁、外族的入侵、自家的洗劫，然而，中华文化的洪流从没有被阻断。为什么？因为在崇山峻岭的每条小溪里，都流淌着涓涓细流。可以毫不夸张地说，没有无数家庭教育的细流，就没有中华文化的江河；就像人没有毛细血管，四肢就会坏死一样。

无数事例证明，历代圣贤先哲、仁人志士都接受过良好的家庭文化熏陶和教育，大到进德修身，小到行为举止，都对其一生产生了至关重要的影响。有的甚至是几代、十几代，形成了优良的风气，或富贵扬名，或诗书传家，善行美德不绝于世，为后人所传颂。

正因为这个原因，我们希望从中国历代家庭教育的成功案例中，梳理脉络、汲取营养，补当今家庭教育之短。在我们看来，中国历代的家庭教育，与同时代的社会教育相比，有着自己的特点：

一是具有内容上的复杂性和丰富性。既有精英文化的孔孟之道，也有许多民俗文化的内容。只要不在学校，长辈就是老师，对孩子的教育既是随机的，又是具体情境下的，常常是遭遇事情、解决问题式的教育，所以有针对性，不像课堂讲课那样，有固定的内容和规范的思路。孟母三迁、曾子杀猪、《朱子格言》《曾国藩家书》，都是如此。可见这些家庭教育的内容，是既丰富又深刻的。

二是教育方式更灵活，更直接，更碎片化，甚至深入具体的生活细节当中。对于家庭教育的双方来说，师生共同生活在一个环境中，或者是一个大家族的环境中，朝夕相处，彼此熟悉了解，有亲情，也有尊卑，因此教育中可以谈心、开导，也可以训话、呵斥，甚至威胁、惩罚也是常有的。比如《颜氏家训》《温公家范》《袁氏世范》就是谆谆教诲，侃侃而谈。《康熙庭训》、"陶母封坛责子"就是正襟危坐，严肃训导。而"包拯家训"和"李勣临终教子"语气之坚毅、手段之严厉，不会出现在现场教学中。又比如古今很多教子的场景都是在病榻之前、临终之时，给受教育者以刻骨铭心的记忆，这也是学校教育所不具备的。

三是家庭教育更具有言传身教、双管齐下的特质，甚至身教重于言传。家庭教育与其说是教导出来的，不如说是熏陶出来的。很难想象一个贪婪凶残的父亲，能"教育"出廉洁无私的孩子。一个刁钻狠毒的母亲，很大程度上会带出刻薄尖酸的孩子。然而，任何人都会有缺点，历代的仁人君子都善于在子孙面前约束自己，以正其身。司马光在《家范》中讲陈亢向孔子学习的故事，人们不仅知道了《诗》《礼》的价值，更明白了与子女相处不能过于随意、要遵循礼仪的道理。

四是早教。早教是历代家训的话题，或许中国古时候，除了帝王皇室或达官贵人，鲜有幼儿园的教育机构，所以先贤们无不认为，孩子应该进行早教。《颜氏家训·教子》引孔子的话"少成若天性，习惯如自然"，意思是说：小的时候觉得本应如此，长大后就习惯成自然，也就是说人如果养成不好的习惯就难以改正了。所以，颜之推引俗谚曰"教妇初来，教儿婴孩"，意思是说：教育媳妇，刚嫁过来就开始；教育孩子，刚生下来就开始。这话说得一点儿没错。其实，早教的意思很丰富。孩子一生下来就着手教育，甚至胎教，那是早教；而发现孩子有了不好的习惯，犯了错误，及时纠正，也是早教。后者甚至更重要。

五是责任。孔子曰："子不教，父之过。"所以先人很有"我的孩子，我不教谁教"的责任感。看到那些家书、家训、家规和数不胜数的家教事迹，任何人都不能不为之感动。当今的家长送孩子到各种学校学文化、学知识，美其名曰"专业的事，交给专业的人"。这并没有错，但你是孩子的父母，要知道，好孩子都是父母教出来的。父母不能只注重做保姆、保镖的工作，更要注重教育，这是责无旁贷的责任与义务。

本书取名《成功家教事典剖析》，力图从古今中外仁人志士的历史事迹，以及功成名就者的家书、家训、教子故事中，梳理归纳出世界各地人民在家教家风方面的二十四个精神特征，这些特征既是对世界各民族人民美德的总结，也是对世界各地优秀精神的概括，更是对世界各民族优秀文化能够历久弥新的探讨。希望能以此给人们提供一些家庭教育的经典事例和成功经验。因为眼界有限，能力不足，难免偏颇，欢迎指正。

编著者

2021年5月

# 目 录

第一章　修德篇／1
　　一、诚信／3
　　二、爱国／13
　　三、责任／23
　　四、谦虚／34
　　五、节俭／46
　　六、孝悌／56
　　七、宽容／72
　　八、知礼／85
　　九、仁爱／95

第二章　励志篇／103
　　一、自立／105
　　二、立志／117
　　三、勤奋／132

## 第三章　躬行篇／141
　　一、劳动／143
　　二、实践／150
　　三、学以致用／158

## 第四章　尊重篇／163
　　一、尊重孩子的天性／165
　　二、尊重孩子的兴趣／172
　　三、好奇心／181
　　四、创造力／191

## 第五章　美育篇／199
　　一、音乐情趣／202
　　二、美术素质／209
　　三、文学修养／213

# 第一章 修德篇

能行五者于天下为仁矣。恭、宽、信、敏、惠。恭则不侮，宽则得众，信则人任焉，敏则有功，惠则足以使人。——孔子在中外教育史上，由古至今，都把人的品德教育放在首位。所有成功的教育无一例外。儒家文化的代表人物孔子、孟子都是中国历史上著名的教育家，在他们的教育理念中，首先强调的就是人的品德修养教育。在《论语》中，孔子提出了一系列关于人的道德修养的行为准则和规范，如"孝悌、忠恕、恭、宽、信、敏、惠"等内容。由"修己"而崇德，最后形成"矜而不争，群而不党、贞而不谅、劳而不怨、欲而不贪、泰而不骄、威而不猛"等种种美德，修炼成尽善尽美的人格。

孟子一生热爱教育事业，把培养优秀人才当成人生的一大乐事。他是中国教育史上第一个把"教"与"育"结合起来的教育家，他认为教育的目的就是要培养受教育者的素质和修养。战国末期的思想家、教育家荀子也非常重视道德教育，他对道德的理解集中在两个方面：一是崇尚礼仪。荀子特别重视礼，将其视为人们应该共同遵守的法则，而义，是人之大行。他与孔子认识不同，孔子把孝悌看作是仁的根本，而荀子则认为孝是小行，应该以义为尚。二是尊崇师友。荀子认为这是义的表现，得贤师而事之，得良友而友之，是人应该具备的基本道德修养。

这些教育家的教育理念被历代教育者所传承，不仅成为学校教育的首要内容和目标，更成为家庭教育的核心内容，而被写进家规家训中。

## 一、诚信

在中国传统教育中，历来都把诚信教育作为修德教育的重要内容，汉代儒学思想家董仲舒将其列入仁、义、礼、智、信五常之一，而先前的孔子则认为诚信是实现仁德修身的重要途径。《论语》里记载，子张曾问孔子，什么是仁？孔子说，恭、宽、信、敏、惠五者为仁。可见，信是仁的重要内容。孔子认为，信是体现人的本质的重要内容。古往今来的仁人志士无不以诚信而立天下，管子、商鞅、诸葛亮都以诚信立身，完成大业。所以，在古代，无论学校教育还是家庭教育，都把诚信教育放在首位。为此，有许多关于诚信的故事历经千载而流传了下来，如家喻户晓的曾子杀猪兑现诺言的故事。著名的大书法家王羲之的家训《琅琊王氏家训》也将诚信放在第一位：

夫言行可覆，信之至也；推美引过，德之至也；扬名显亲，孝之至也；兄弟怡怡，宗族欣欣，悌之至也；临财莫过乎让：此五者，立身之本。

这段家训的意思是说：言行一致，是诚信的最高境界；把美名推让给别人，自己承担过失，是品德的最高境界；传播好的名声使亲人显赫，是孝的最高境界；兄弟和睦，宗族兴盛，是兄弟之间敬爱的最好表现；在财物面前没有比谦让更好的做法了——这五条是立身的根本。

琅琊王氏是中古时期中原最有代表性的名门望族，奠基者是西汉时的王吉，他们由琅琊高虞（今山东省即墨市温泉镇西高虞村）迁至临沂县都乡南仁里（今山东临沂市兰山区白沙镇）。在此繁衍生息长达四百年。琅琊王氏起始于魏晋，发展于东晋初年，并一度达到鼎盛。一直延续到唐五代以后，逐渐开始衰落。在中国历史上，琅琊王氏子孙在政治、伦理道德、文学艺术等方面产生了重要影响。《二十四史》记载，从东汉至明清，琅琊王氏共培养出以王吉、王导、王羲之、王元姬等人为代表的九十二位宰相、六百多位文人名仕、三十五位皇后、三十六位驸马，成为中国历史上最为显赫的家族之一。这其中，《琅琊王氏家训》起了重要作用。家训虽然只有短短的五十个字，但却涵盖了诚信、礼让、孝悌、和睦、友爱、廉洁等修身立德的全部内容，它要求后世子孙以孝为先、立德为本；注重诚信谦让的品格修养；培养和睦友爱的待人态度；讲求重义轻利的处世之道；而诚信为第一要务。可见诚信是支撑王氏家族历经千年而不衰的法宝，这对我们今天的家教也具有教育意义。

历史上以诚信立德的人物有很多。北宋时，婉约词派的代表人物晏殊就以诚信而著名。晏殊小时候聪明过人，能写诗文，被人称为"神童"。在学堂里，老师和学生常常一起猜谜语，晏殊能猜出不少别人猜不出来的谜底，经常得到老师的夸奖。有一天，老师以前的一个学生奉旨来巡视，老先生就向学生推荐晏殊，说这孩子学识超人，必能成大器。这个学生就让晏殊当场赋诗，晏殊扫了一眼满园春色，便提笔作了一首词，在场的人看罢，连连称赞。

这位学生回到京城，向宋真宗禀报了此事，宋真宗正准备招揽贤才，听说晏殊熟读诗书，又会作词，便让晏殊来参加科考。考场里只有晏殊年龄最小，大家都很惊讶。晏殊打开试卷，发现试卷上的题和巡视的官员给他出的题是一样的，不禁窃喜。但这时，他想起父亲和先生的教诲，要诚实做人，诚实才是立身之根本。他仿佛听到了父亲苍老的声音："孩子，你即便考出了好成绩，也会愧疚的！"

晏殊立刻提笔在试卷上说明了情况，并请求皇上另外出题，自己愿意重新参加考试。他把试卷交给了监考官就离开了考场。

宋真宗知道后，为晏殊的诚实所感动，亲自给晏殊出了考题。当真宗看到晏殊答完的卷子，大为赞赏，当即封晏殊为少年进士。

由此可见，君子之道，在于修身。晏殊身上体现出了古代士大夫严谨诚实的人格修养，也是良好家风家教的结果。

> 晏殊（991—1055），字同叔，抚州临川人。北宋政治家、文学家。
>
> 晏殊自幼聪慧，十四岁以神童入试，赐同进士出身，被任命为秘书正字，历任右谏议大夫、集贤殿学士、同平章事兼枢密使、礼部刑部尚书、观文殿大学士知永兴军、兵部尚书等职，封临淄公。至和二年（1055）病逝，谥号"元献"，世称晏元献。
>
> 晏殊以词著于文坛，尤擅小令，风格含蓄婉丽，与其子晏几道被称为"大晏"和"小晏"，又与欧阳修并称"晏欧"；亦工诗善文，原有集，已散佚。存世有《珠玉词》《晏元献遗文》《类要》残本。

隋朝的大臣、胡州刺史皇甫道的儿子皇甫绩自罚三十板的故事在民间也广为流传。

史书上记载，皇甫绩三岁时就死了父亲，母亲带着他回娘家守寡。在外祖父家里，皇甫绩和几个表哥一起读书玩耍。表哥们对他格外照顾，玩的时候都让他三分。家里有好吃的东西，也总是让他先吃。外祖父觉得小皇甫绩年幼丧父，更是对他格外疼爱，不让他受一点委屈。

皇甫绩从小就聪明伶俐，很懂事。母亲也常常教育他要学会谦让、要勤奋读书，不要辜负父亲临终前对他的期望。皇甫绩记着母亲的话，常常去帮外祖父和舅舅们做事；对表哥们也很礼貌，兄弟几个相处得很融洽。在家塾（请先生到家中讲课的私塾）里，他非常用功，读书写文章进步很快。

皇甫绩

但是，皇甫绩终归是个孩子，一有空就爱跟着表哥们跑出去玩，有时玩到很晚才回家，甚至忘记做功课。有一段时间，皇甫绩和表哥们迷上了下棋，经常悄悄溜进谷仓里，摆上棋盘，接二连三地下起没完，好几天没有好好读书。外祖父知道后，把孩子们叫去，狠狠地训斥了一顿，并让表哥们脱下裤子，挨个趴到板凳上，每人打了三十大板。打完之后，外祖父气喘吁吁地瞪着皇甫绩说："你本来是个懂事的好孩子，怎么也跟着他们学坏呢？一天到晚光知道玩，荒废了学业，将来就是个没用的白痴！这次看你还小，就饶了你，下次再犯，连你一块儿打。"

外祖父走后，几个表哥揉着屁股对皇甫绩说："爷爷就是对你偏心眼，棋属你下得最多，我们说下两盘算了，你偏不干，输了棋就非要赢回来。这下好了，害得我们挨打。"皇甫绩很愧疚，低着头，一声不吭地走了。晚上，母亲听说了这事，流着泪对皇甫绩说："绩啊，皇甫家只剩下你这么根独苗，你若再不争气，你父亲在九泉之下怎么能瞑目啊！虽然外祖父没有打你，可你自己要诚实，要知道悔过呀！"

这天晚上，皇甫绩很久都睡不着，他第一次像个大人那样，想了很多。第二天，皇甫绩找到表哥们，对他们说："下棋主要是我的错误，连累哥哥们挨打，又荒废了大家的学业，我心里很不安。我知道外祖父疼我，不肯责打我。所以，我想请几位哥哥代替外祖父打我三十大板！"

表哥们都笑了，说："知道错就行了，何必一定要挨板子呢？难道你的屁股不知道疼吗？""不，古书上说，做君子第一条是不能欺骗自己、放纵自己。只有诚实地对待自己的过错，真心地悔改，日后才能有所作为。"表哥们看他那认真的样子，都十分感动。可是，谁也不肯动手打他。皇甫绩急了，他冲表哥们喊道："你们太不公平！挨了打，屁股疼，就能不忘教训，痛加悔改。现在你们都记住了教训，却不肯让我也记住教训，外祖父对你们才是偏心眼呢！今天你们不打，我就跪在这儿不起来！"说完，他泪流满面地跪在地上，怎么拉也不起来。表哥们没有办法，只好拿了根树枝，把皇甫绩按在板凳上，轻轻打起来。皇甫绩看他们不敢用力，急得又嚷起来："不行，不行，打不疼不算！"

表哥们只好又加了些劲，打完了三十下，皇甫绩的屁股也红肿起来。他脸上挂着泪珠，露出满意的笑容。外祖父知道了这件事，又心疼又高兴，他两眼湿润地抚摸着皇甫绩的头说："你这孩子，真是实心眼儿啊！"别人已经宽容了自己，自己仍然能诚实地对待自己的过错，这是难能可贵的。皇甫绩年纪虽小，却深知诚信的重要，也懂得严格地要求自己，这使他为自己的人生打下了良好基础，后来他成为隋朝的重臣。

诚实是为人之基，所以在世界各国的教育中它都被放在首位。犹太人被誉为"世界第一商人"，就是因为诚信。在两千多年的流浪生涯中，犹太人遭受了无数的欺诈和毁谤，饱尝了无数的谎言带来的痛楚，因此，他们对谎言深恶痛绝。他们在学会抵制和戳穿谎言的同时，也在教育自己的孩子，要有诚实的品格。他们对孩子的教育所奉行的原则，就是家长以身作则，遵守对孩子的承诺。

罗特希尔德财团的创始人安塞姆，在18世纪末年，曾经生活在法兰克福犹太人街道，看到了犹太人所受到的欺侮和迫害，过着屈辱和没有尊严的生活，人格也自然遭到了践踏。当时，他在犹太人街道里经营着自己的银行事务所。有一个名叫威廉的犹太人在被拿破仑赶走之前，在安塞姆那存了五百万银币，威廉以为这钱肯定会被侵略者没收。但安塞姆很聪明，他把这些钱埋在了后花园里，后来存进了银行。当威廉回来以后，安塞姆把钱和利息一并都交给了威廉，还附上一张账单。这让威廉很感动，也让他看到了诚信依然存在。而安塞姆靠着诚信，事业也越做越强。

安塞姆不仅自己做到了诚实可信，他还把这个作为教育后代的家训。至今，在他们的家族中没有一个成员出现过诚信危机，而罗特希尔德财团也成为最有信誉的世界品牌之一。

安塞姆以诚信不仅使自己和家族赢得了声誉，也为整个犹太民族重新树立了诚实守信的声誉和立足于社会的根基。

德国有一句谚语："一两重的真诚，其价值等于一吨重的聪明。"德国的父母认为，教育孩子诚实是最重要的。如果孩子在外面做了不诚实的事情，不管是什么原因，都要受到最严厉的惩罚。

德国妈妈认为，孩子的成长离不开父母的教育，父母的思维与观念以及行为方式直接影响到孩子的人生观和价值观。她们很重视对孩子的品德教育，而在所有的品德中，诚信最重要。

在美国，对孩子诚实的教育同样受到重视。美利坚合众国的创始人之一，美国第一任总统华盛顿，出生在一个大庄园主家庭，他家的庄园里有很多果树。华盛顿小的时候，整天在庄园里玩耍。有一天，爸爸拿来一把斧头，递给华盛顿，对他说："果园里的杂树太多，影响果树的生长，你去把杂树砍掉吧！"

华盛顿拿着斧头一鼓作气，把杂树都砍光了。果园里有几棵长得很茂盛的樱桃树，他望着樱桃树，心里想道："它们怎么长得这么茂盛，莫非与其他树木有什么不同？"于是他挥舞着斧头把那几棵樱桃树砍断了，然后拿着斧头劈开树心，也没有发现与其他树木的不同之处。

砍过之后他才有些害怕，父亲回来肯定要大发雷霆。傍晚，父亲回来，先到果园里看小华盛顿是否把杂树都清理好了。当他看到倒在地上的樱桃树，怒吼着："是谁砍断了我的樱桃树，快出来！"全家人都被父亲的怒吼声吓坏了，大家跑到果园，面面相觑，接连摇头。

小华盛顿吓得出了一身冷汗，好半天，他慢慢地走到父亲面前，低声说："是我砍断的，爸爸你惩罚我吧！"父亲气愤地质问："你为什么要砍樱桃树？"随之举起了拳头。小华盛顿一脸诚恳，昂着头对爸爸说，"我错了爸爸，你打我吧！"父亲看着儿子诚恳的表情，放下了拳头。

父亲缓和了语气，问儿子："你为什么要砍樱桃树？"华盛顿如实地向父亲说明了自己的想法，父亲想："儿子砍了樱桃树的确不对，但是他敢于承认错误，说明孩子很诚实。"于是他和蔼地对儿子说："你砍断了樱桃树是不对的，但是你能勇敢地承认错误，这是诚实的表现。与樱桃树相比，诚实更可贵，所以，我今天原谅你。记住，以后做任何事情都要把诚实放在第一位，这是一个人起码的品德。也是将来立足社会的根本。"华盛顿这次的经历给他的心灵留下了深深的印记，父亲的教诲让他受益终生。

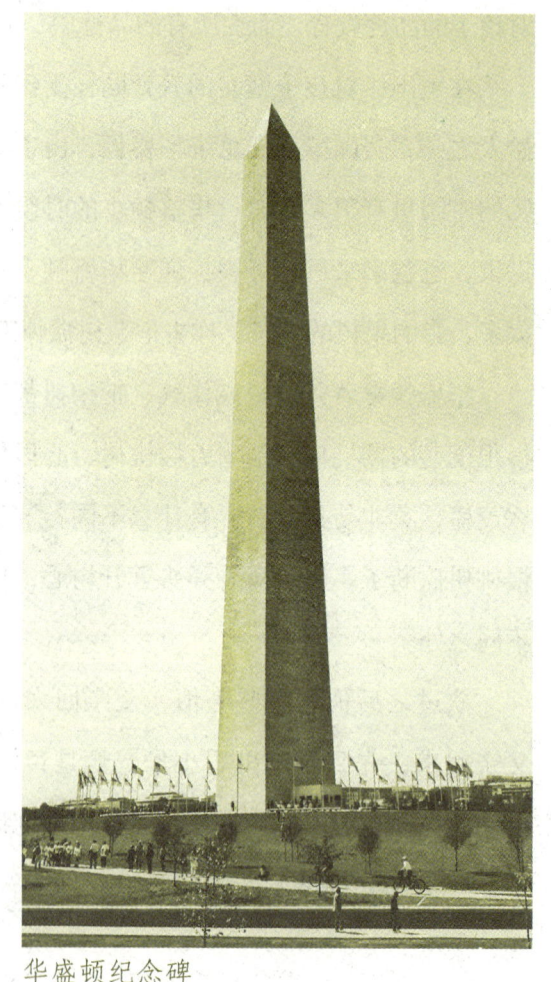

华盛顿纪念碑

其实每一位家长都很爱自己的孩子，如果想让孩子成为一个受人尊敬的人，那么首先要让自己成为一个真实的家长，诚实、可信、不虚荣、不卑微。孩子就会跟你学。

撒切尔夫人，本名玛格丽特，是英国历史上第一位女首相，世界著名政治家，以"铁娘子"称号而闻名世界。她所取得的成就，源于父母的言传身教和悉心培养。

玛格丽特的母亲玛丽是当地有名的妇女慈善事业的领导人，她很推崇爱因斯坦，常常用爱因斯坦的言行来教育女儿。爱因斯坦的"人生的第一道义就是诚实"这句话，是玛丽给女儿最多的一句教诲。而玛丽自己在日常生活中，也严格遵守着"诚实"二字。

玛格丽特七岁时，特别喜欢小动物，当时邻居家里有一条斑点狗，小玛格丽特喜欢极了，她经常到花园里逗小狗玩。有一天，她拿一块咸肉给小狗吃，不料小狗可能吃多了，一天以后因为消化不良而病死了，小玛格丽特非常伤心。妈妈知道了这件事，对她说："你知道一个诚实的孩子应该怎么做吗？"玛格丽特很快明白了妈妈的意思，急忙擦干眼泪，去邻居家道歉。晚上，父亲回来听说了这件事，觉得女儿不仅应该道歉，还应该对此事负责。于是他对女儿说："你是一个诚实的孩子，对这件事，你除了用语言道歉外，还应该为你的过失承担责任。"小玛格丽特想了想，跑到自己的房间，拿出了自己的储蓄罐，把里面的零钱全部倒出来，数了半天，还是不够买小狗的钱。这时父母谁也没帮她，而是让她自己想办法。后来她想到姑妈家养了四条狗，她让妈妈找姑妈商量，自己去帮助姑妈遛狗，一个月赚十五英镑，这样才攒够了赔偿小狗的钱。

中外教子的方式方法会有所不同，每个家庭教育孩子的方法也各异；但是培养孩子诚实品格的愿望应该是一致的。而且无数的事实也在不断地证明，诚实守信的教育在孩子品格培养中至关重要，它是人生的第一资本，决定了一个人能否在社会立足，决定了一个人事业能否成功，也决定了在社交中是否有人愿意与他交往。因此，在家庭教育中，诚信教育是第一位的。莎士比亚说过："如果要别人诚信，首先自己要诚信。"做父母的首先要做一个诚实的人，给孩子做诚实守信的榜样。

## 二、爱国

爱国主义教育，是一个永恒的主题，它贯穿于一切教育的始终。中国历史上无数仁人志士为国捐躯的事迹都成为教育后代的最好教材，不断地激发一代又一代人的爱国热忱和家国情怀。对国家与民族的责任感和使命感，也是衡量一个人修身养德的重要标准。自古儒家士人就以"修身、齐家、治国、平天下"为己任，为此而不懈努力。而且他们不忘教育后代，将家与国紧紧连在一起。我们大家都熟悉的屈原、陆游、文天祥、岳飞、林则徐、曾国藩，还有向警予、赵一曼，等等，他们的爱国主义精神始终鼓舞着后人。他们的家风家训也一代代被传承。

著名爱国主义诗人陆游，一生著述颇丰，自言"六十年间万首诗"，其中许多诗篇抒发了抗金杀敌的豪情和对收复失地的期盼。他的爱国情怀，来自于父亲的教诲。

陆游童年时期正值北宋灭亡之际，父亲陆宰原是北宋的一名官员，官至转运判官、转运副使。1127年，北宋被金国所灭，面对南下的金军，南宋开国皇帝宋高宗一路南逃，一生以国事为重的陆宰目睹朝廷的腐败，面对金兵的入侵，看到朝廷一味屈辱求和，内心十分悲痛，一气之下辞去了官职，举家南迁。

陆宰虽然辞了官职，但仍然心系国家的安危，有朋友来访，谈论的话题也是国事。谈到国家将亡，老朋友们声泪俱下。这一切，

都被年幼的陆游看在眼里，记在心上。

陆宰一向重视对儿子的教育，经常给陆游讲爱国将领的故事。在饱受金兵蹂躏的痛苦中，陆宰将自己对国家将覆的担忧和对金兵入侵的愤恨也传达给了陆游，这使陆游从小就懂得了什么是国耻，因而立志要为收复失地、国家统一而奋斗。从此，陆游在父亲的帮助下，每天刻苦练武，勤奋读书，希望能为收复国土贡献自己的力量。然而，由于朝廷昏庸无能，他的抱负临终也没有实现。他把自己的一腔热血化为诗句，以诗文来抒发自己的主张，向主和派宣战。陆游也像当年父亲教育自己一样，不断对儿孙们进行爱国主义教育，希望他们能继承自己的遗愿，为完成国家统一的大业而奋斗。带着未竟的遗憾，陆游留下了绝笔诗：

死去元知万事空，但悲不见九州同。
王师北定中原日，家祭无忘告乃翁。

陆游的这种爱国情怀源于父亲身体力行的耳濡目染。历史上许多的仁人志士的爱国思想和行为都来自于家庭的教育：岳飞的"岳母刺字"，林则徐不顾个人安危的虎门销烟等。所以，对孩子进行爱国主义教育是父母的责任。

在中国历史上，还流传着一个非常悲壮的故事——"顾母绝粒"（古人称绝食为"绝粒"），说的是顾炎武的母亲以绝食示志，教育顾炎武坚持民族气节的故事。

顾炎武是我国明末清初伟大的爱国主义学者、进步思想家。他出生在江南一个封建士大夫家庭，他是过继给同族的嗣子。嗣母王氏是一个深明大义、有文化的妇女，对顾炎武很疼爱，但要求很严格。顾炎武六岁时，嗣母就教顾炎武读书，教他读《史记》，读《资治通鉴》。她把教育儿子坚守民族气节放在首位，经常给儿子讲历史上爱国忠义的故事。

顺治二年（1645），清兵南下，攻克了南京，又向苏州进犯，三十二岁的顾炎武弃笔从戎，参加了苏州的抗清义军。不久昆山、常熟失陷了。顾母痛惜国土沦丧，决心与国家共存亡，以此来激励后代。她长达十五天粒米未进，在生命垂危之际，给顾炎武留下了遗言:"无为异国臣子,无负世世国恩,不忘先祖遗训,则吾可以冥于地下。"母亲在叮嘱他:不要去做异国的臣子,不要辜负世代受到的国家的恩典,不要忘记祖上遗留下来的教导。如果你能做到这些,我在九泉之下就可以瞑目了。母亲的壮烈行为极大地教育和震动了顾炎武。他从此牢记母亲的教诲,宁死不做清朝官吏,不食清廷俸禄。坚持治学,努力为国家"名学术,正人心",成为时人所敬仰的一代学者。清康熙年间,为了招揽人才,朝廷在北京开设了明史馆和博学鸿儒科,征举海内外学者,很多人劝顾炎武去应招,顾炎武坚定地回绝说:"如果一定逼迫我应招,我只有一死了之。"他说:"我的母亲是为国亡绝食而终,我绝不可以去应招。"顾炎武至死都不忘母教,不屈不挠,表现了崇高的民族气节。他在其著作《日知录》里写道:"天下兴亡,匹夫有责。"顾炎武用一生践行了他的主张,始终保持着民族气节,绝不趋炎附势,不改自己的节操,直到终老。

"天下兴亡,匹夫有责",三百年来一直激励着中华民族的爱国志士,因亡国而绝粒的顾母也成为伟大母亲的典范。

著名抗日女英雄赵一曼被人认为"虽死犹生",她的英勇事迹和她的爱国精神,不断激励后人、鼓舞后人。

1905年10月27日,赵一曼出生在四川省宜宾县北部白杨嘴村一个封建地主家庭。父亲李鸿绪,曾花钱捐了个"监生"的功名,后来自学中医,为乡里人看病。母亲兰明福,操持家务,共生了九个孩子,赵一曼排行第七。八岁那年,赵一曼进入"私塾"学习,由于她学习很努力、很刻苦,成绩一直都非常好。十三岁那年,父亲病逝,家里就由大哥李席儒和大嫂周帮翰来管理家务。

1924年赵一曼在大姐夫郑佑之（中共首届四川省委委员）的介绍下，加入了中国共产主义青年团。

1926年她考入宜宾女子中学（现宜宾第二中学）。在学校，她加入了中国共产党。第二年，党组织派她去苏联莫斯科中山大学学习。

1928年的冬天，赵一曼奉组织之命由苏联回国，先后在宜昌、上海，以及江西等地从事党的秘密工作。这一年，赵一曼与湖南人陈达邦结婚。婚后不久怀孕，并被党组织派到宜昌工作。在宜昌，她生下了儿子，取名"宁儿"。

1931年，震惊中外的"九一八"事变爆发，国家进入了生死关

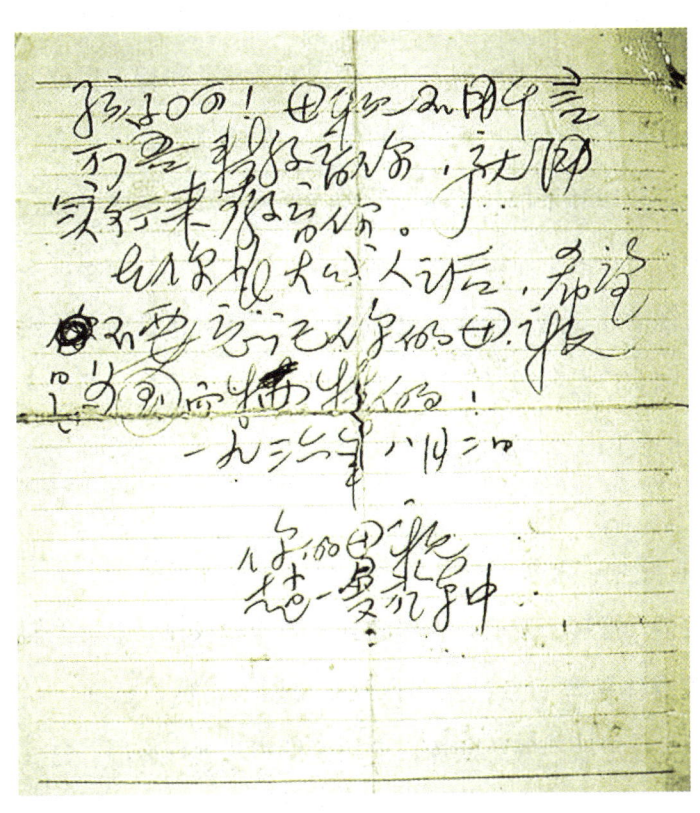

赵一曼遗书

头，赵一曼临危受命，被党中央派到了东北，在沈阳工厂中领导工人进行抗日斗争。1934年春，赵一曼担任中共珠河中心县委委员、铁北区区委书记，她带领群众，建立了农民游击队。在艰苦的环境下配合抗日部队作战，与日伪军展开周旋，多次粉碎了敌人的阴谋。

1935年11月，在一次与日军的战斗中，赵一曼为掩护部队腿部负伤后在昏迷中被俘。日军为了从赵一曼口中获取到有价值的情报，对其腿伤进行了简单治疗后，便连夜开始对赵一曼进行了审讯。

在狱中，日本人对她施加了惨无人道的酷刑，用皮鞭抽她，用马鞭狠戳她身上的伤口，她痛得几次昏死过去。但是，无论敌人怎么折磨她，她都宁死不屈，没有吐露任何信息。还忍着伤痛怒斥日军侵略中国的各种罪行，表现出了一个中国共产党党员保卫民族的坚强意志。她坚贞不屈地说："我的目的，我的主义，我的信念，就是反满抗日。"1935年12月，赵一曼因为伤势严重，生命垂危，日军为了从她口中获取重要情报，怕她死去，便把她送到哈尔滨市立医院进行监视治疗。赵一曼在住院期间，利用各种机会向看守她的警察董宪勋和女护士韩勇义进行反日爱国主义思想教育，两个人被赵一曼坚定的爱国主义精神所感染，决定帮助赵一曼逃离日军的魔掌。

1936年6月28日，董宪勋与韩勇义将赵一曼背出医院送上了事先雇来的小汽车，将赵一曼送到了阿城县董宪勋的叔叔家中。他们准备等赵一曼身体稍好一点，就起程奔赴抗联游击区。然而，日伪军知道赵一曼逃走后，气急败坏，出动大批军队进行追击。赵一曼在奔往抗日游击区的途中不幸被日军追上，再次落入虎口。赵一曼被带回哈尔滨，日本军警对她进行了更为残酷的折磨，使用老虎凳、辣椒水、电刑等各种酷刑，但是赵一曼始终没有屈服，没有吐露任何实情，她早已做好了牺牲的心理准备。知道从赵一曼的口中不可能得到任何有用的情报了，于是在1936年8月2日，丧心病狂的日军把赵一曼绑在大车上，在珠河县城"游街示众"。当赵一曼昂首走到小北门外的草坪中央时，几个军警用枪对准她，面对敌人的枪口，赵一曼高呼"打倒日本帝国主义""中国共产党万岁"的口号，英勇就义。当时赵一曼年仅31岁。

根据日伪档案记载，1936年8月2日，赵一曼在开往刑场的车上，她神态自若。在生命最后时刻，她最为牵念的是唯一的儿子。她向看守人员要来纸和笔，给儿子写下了唯一的一封遗书：

宁儿：母亲对于你没有尽到教育的责任，实在是遗憾的事情。母亲因为坚决地做了反满抗日的斗争，今天已经到了牺牲的前夕了。母亲和你在生前永远没有再见的机会了。希望你，宁儿啊！赶快成人，来安慰你地下的母亲！我最亲爱的孩子啊！母亲不用千言万语来教育你，就用实行来教育你。在你长大成人之后，希望不要忘记你的母亲是为国而牺牲的！

一九三六年八月二日<br>
你的母亲赵一曼于车中

短短的一封遗书，充分表达了一个母亲对儿子的舐犊之情，作为母亲，对儿子没有尽到养育的责任，赵一曼深觉遗憾。对儿子的想念是刻骨铭心的。在即将离开这个世界之时，在认识到了自己再也没有机会见到自己日思夜想的儿子的时候，内心该是一种怎样的痛啊！而赵一曼这个坚强的共产党员，她将千言万语化成一句话：母亲做了反满抗日的事，是为抗日而英勇牺牲的。在赵一曼的心中，对孩子最重要的教育就是让他懂得热爱和保护自己的祖国。

赵一曼的儿子1955年从中国人民大学毕业，被分配到北京市工业学校，任政治课教师，讲授《马克思主义哲学原理》。

陆游与顾母、赵一曼，是生活在不同时代的人，各自的生活轨迹有着巨大的差异，所经历的遭遇也不同。但是，他们最后殊途同归，都把国家的安危作为自己的第一考量，都非常坚定地走上一条抗击侵略的卫国之路，以实际行动彰显了爱国主义家风，给后代留下了宝贵的精神财富。

那么外国的爱国教育如何呢？

举世闻名的居里夫人，是一位优秀的科学家，一生两次获得不同学科的最高科学桂冠——诺贝尔物理学奖和诺贝尔化学奖。

　　她又是一位伟大的母亲，她虽然对科学研究近乎痴迷，但是对孩子的教育，她视其与科学研究同等重要。

　　居里夫人原名玛丽·斯克沃多夫斯卡，1867年11月7日出生于波兰首都华沙一个教师家庭，后来留学巴黎，嫁给了法国科学家皮埃尔·居里，便随丈夫姓，改名为玛丽·居里，并加入了法国籍。

　　居里夫人与丈夫一起发现放射性元素镭，1903年，她与丈夫一起获得了诺贝尔物理学奖。1906年，丈夫因车祸意外去世，抚养孩子的重担就落在了居里夫人肩上。经济上的拮据一直困扰着她，因为她的工资不仅要负担一家的日常开销，其中的一部分还要用于科研，所以，经常是捉襟见肘。当时很多人劝她卖掉自己的科研成果，即她发现和提炼的"镭"。这是价值连城的宝贝，当时就值一百万法郎。但是居里夫人坚决不同意。她经常对女儿说："镭，必须属于科学，不属于个人。"她认为，不论生活多么困难，也决不能卖掉科研成果。然而，当研究工作需要，她竟然将她的科研成果"镭"无偿地献给了实验室，而属于她自己的只有一克"镭"，那还是美国总统送给她的。

　　居里夫人生活的年代正处于第一次世界大战期间，为了支持法国人民，居里夫人把自己的诺贝尔奖奖金全部捐给了法国政府，用于战时动员。她还带着女儿伊伦娜亲自上前线，用X光为受伤的战士检查身体。她这种为了事业、为了国家安危而奋斗的高尚情操深深地感染了她的女儿和学生。

　　在妈妈的无私奉献与爱国精神的鼓舞下，1940年，居里夫人的女儿伊伦娜和丈夫一起把建造原子能反应堆的专利权无偿捐赠给国家科学研究中心。

居里夫人教育孩子的方法很多，但是她把培养孩子的爱国情怀放在首位。她身在法国，但她没有忘了自己的祖国波兰，她教孩子学波兰语，还经常帮助波兰留学生，以此来教育孩子热爱自己的祖国。她希望自己的孩子具备乐于助人、乐观向上和勇敢坚强的品格，她经常对孩子说，"我们一定要有恒心、有信心""必须靠自己的意志生活"。在居里夫人身上，也体现了以身作则的教育方法。

爱因斯坦说："在科学研究中，什么是最重要的原则？那就是没有自我主义。"居里夫人的行为准则就是对这句话最好的诠释。

纵观古今中外的教子方法和理念，都把爱国主义教育放在首位，作为思想品德教育的重要内容，这被中外有识之士所共识和验证。这些与我们今天所提倡的爱国主义教育是一致的。

## 三、责任

　　责任感的教育也是品德教育的一部分，是孩子必备的品格。哈佛大学教授特里·肖恩说："没有社会责任感的人，永远不知道自己为什么而活着，更别指望他承担一切责任。这种人只知道享受别人提供给他的服务，丝毫不肯为别人付出一点。"

　　责任感的培养应该从培养家庭责任感做起，孩子在家庭中所获得的责任感是他未来社会责任感发展的基础。只有使孩子感受到了自己生命的意义，他才会能成为对自己、对别人、对社会负责任的人。

　　教育家卡尔·威特很重视培养儿子小威特的家庭责任感，在家里，老威特让儿子参与家里的一切工作和活动，他甚至给儿子专门买了一套炊事玩具，让儿子用这套玩具跟妈妈学做饭。在妈妈做饭时，小威特跟着妈妈不断地提出各种问题，妈妈都耐心地给予解答。老威特还经常让儿子参与家庭事务的管理。通过这些日常的家务事让小威特了解到了每个家庭成员所承担的工作与责任，培养了他的责任意识。

　　美国著名的石油大王洛克菲勒对儿子进行责任感教育的第一课就是给儿子买了一本"记账本"，让儿子记录零花钱的收支情况。每个周六的晚上，父子俩要一起"核对账目"。如果儿子的花销不合理，那下个月就减少零用钱；如果儿子的零用钱支出正当，或者捐给了有需要的人，那就会得到奖赏。合理地使用零花钱，帮助需要帮助的人或者做一些公益事业，这既是对个人和家庭的责任，也是对社会的责任。洛克菲勒的责任教育使他们的家族始终兴旺发达。

在中国，为家守则、为国尽忠的责任感体现得更是比比皆是。

清代政治家、思想家、诗人林则徐，官至一品，曾任湖广总督、陕甘总督和云贵总督，两次受命钦差大臣，主张严禁鸦片及抵抗西方列强的侵略，被誉为"民族英雄"。道光二十二年（1842），林则徐因鸦片战争失败遭受重罚，被革职发配新疆伊犁。到了伊犁两个月后，又奉皇上之命，主持办理塞外垦荒务农事宜。接到朝廷命令的第二天他给在西安的妻子写了一封家信，即《致郑夫人》书：

伊犁为塞外大都会，泉甘土沃，肆市林立，绝无沙漠气象。来此忽忽已两月矣。日惟以诗酒消遣。即知自于驻防将军席上一时兴发，赋诗相赠，从此求题咏者踵接于门。既无捉刀人，件件须亲自挥洒，终日栗六异常。语云烦恼不寻人，自去寻烦恼，洵非虚语也。

日昨又奉圣恩，勘办塞外开垦事宜。按塞外纵横三万余里，地土沃饶。惜少水利，以致膏腴沃壤，弃为旷野荒墟，有天富之地而不知垦植。塞外之民固属愚昧，塞外官长亦殊颟顸。独圣天子端居深宫，远瞩四海。当余谪戍时，圣心早计得之。今果然以开垦事责我图功。较之赴浙立功赎罪，其安危相去诚不可以道里计焉！盖圣主早识浙省文武均无折冲御侮之才，料我经浙省军营效力，调遣兵将，必多掣肘，断不能如粤省文武愿效驰驱，则有过无功，不待蓍龟可知。故阳为加罪谪戍，阴实矜恤周全。圣主如是曲为成全，能不令人感激涕零，愿竭犬马之劳，以报恩遇耶！现拟周边塞外各地，先修水利，继办垦植。山地拟造林，田地拟耕种。十年以后，塞外可成富庶之区也。

信的意思是说：伊犁是名副其实的塞外大都会，泉水甘甜、土地肥沃，市面上商家店铺云集，一点也看不到沙漠中的荒凉景象。我谪戍到此很快就过了两个月，每天以诗酒消遣。自从在伊犁将军的酒席上一时高兴，写诗相赠，从此来我这儿求诗的人便络绎不绝。我现在又无人代笔，每一首赠诗都要亲自去写，弄得整天非常忙碌劳累。俗话说烦恼不寻人，是人自去寻烦恼，这话确实不假。

昨日皇上又下旨，要我勘察办理塞外农垦事务。伊犁一带纵横三万余里，土地肥沃富饶，就是缺水，以致那些肥沃的土地被废弃成为旷野荒墟，老天给了这么肥沃的土地，却没有办法去开垦种植。塞外的民众是有些落后愚昧，塞外的官员则更加糊涂而且马虎。只有当今皇上，虽然身处深宫之中却眼光远大。当初责令我戍边时，皇上内心早已做好打算，今日果然命我办理塞外农垦事务，以此立功赎罪。这与当年让我赴浙江军营效力来立功赎罪，两者间安全与危险的差距简直天壤之别。大概圣明的皇上早已知道浙江的文武官员不能抗敌御侮，料定我在浙江军营效力，会对我的调兵遣将牵制干扰，绝对不像在广东那样，文武官员乐意奔走效力。这是不需要掐算就能知道的。所以，表面上对我加罪，谪戍边塞伊犁，暗地里对我照顾怜悯，十分周全。圣明的皇上对我如此曲为周到，怎能不让我感激涕零，愿竭犬马之劳，以报圣上的恩遇呢！现在打算先在伊犁周边地区兴修水利，接着垦荒种植。打算在山上造林，平地则开垦为农田。这样十年以后，这个边塞地区就可成为富庶之地。

在信中，林则徐袒露了接连遭受打击、惩罚后的心情，虽然屡受打击，但是他并没有计较个人得失，在艰难坎坷的境遇中仍然忠心为国。"苟利国家生死以，岂因祸福避趋之"这就是他对国家的高度责任感，也是他一向将国家和人民的利益放在至高无上的地位的人生准则。信中表现出林则徐为国忘身、不计荣辱，不顾境遇坎坷，依然勤奋敬业的胸怀。在塞外垦荒极其艰苦，但林则徐并不在意，终日忙碌、充满干劲。他的这一封家书体现了他的历史责任感，感动了新疆的各族人民，为新疆人民所怀念，至今民间仍流传着"林公"的故事。

他还有一封给儿子的信《复长儿汝舟》：

字谕汝舟儿知悉。接来信，知已安然抵家，甚慰。母子兄弟夫妇，三年隔别，一旦重逢，其快乐当非寻常人所可言喻。今将新岁矣，辛盘卯酒，团圆乐叙，亦家庭间一大快事。父受恩高厚，不获岁时归家，上拜祖宗，下蓄妻子，怅独为何如？唯有努力报国，以上答君恩耳。官虽不做，人不可不做。在家时应闭户读书，以期奋发，一旦用世，不致上负高厚，下玷祖宗。

吾儿虽早年成功，折桂探杏，然正皇恩浩荡，邀幸以得之，非才学应如是也。此宜深知之。即为父开八轩，握秉衡，亦半出皇恩之赐，非正有此才力也。故吾儿益宜读书明理，亲友虽疏，问候不可不勤；族党虽贫，礼节不可不慎。即兄弟夫妇间，亦宜尽相当之礼。持盈乃可保泰，慎勿以作官骄人。

而用力之要，尤在多读圣贤书，否则即易流于下。古人仕而优则学，吾儿仕尚未优，而可夜郎自大，弃书不读哉！次儿今岁可不必来，风雪严寒，道途跋涉，实足令为父母者不安。姑俟明春三月，再来未迟。吾儿更可不必来，家有长子曰"家督"，持家事母，正吾儿应为之事，应尽之职，毋庸舍彼来此也。父身体甚好，入冬后曾服补药一帖，精神尚健，饮食起居，亦极安适，毋念。

元抚手谕。

信的内容是这样：告诉汝舟我儿知晓。收到你的来信，知道你已经平安到家，心中很欣慰。母子、兄弟、夫妇分别了三年，一旦重逢，这其中的快乐不是一般人可以想象得到的。眼下马上就要到新年了，摆好迎春的酒菜，一家人团聚在一起，共叙天伦之乐，无疑是家庭中一件非常快乐的事情。父亲我深受皇恩厚爱，未能获假在新年时回家，祭拜列祖列宗，陪伴照护妻子儿女，独自在外过新年，觉得惆怅、孤独又能怎么样！唯有想着努力报效国家，以报答皇上的恩典了。你虽然不当官了，但为人处世不能含糊。回到家中你应闭门读书，发愤图强，将来一旦再次出任官职，不至于对上辜负皇恩，对下玷污了列祖列宗的荣誉。

我儿虽然早年科场得意，殿试取得名次，但这都是由于皇恩浩荡，你侥幸得到的，并不是凭你真才实学得到的。这一点你要牢记。即使我坐着八尺轩车，手握大权，也多半是由于皇上的恩赐，并不是我恰好有这样的才智与能力。因此我儿更要读书明理。即使是不够熟悉的亲友，也一定要经常问候；即使是比较贫穷的同族亲戚，礼节也一定要周到。即使是兄弟、夫妇之间，也应当尽相应的礼节。平稳地守住已有的家业才能求得安宁，不要因为做过官就在别人面前怠慢骄纵。

而最值得下力气的，还是要多读圣贤之书，否则就容易走向低级趣味。古代的人官做得好的仍然不断学习，你刚刚做官，怎么能夜郎自大、放弃读书呢？二儿子今年可以不再过来了，天气寒冷，路途遥远，实在令做父母的担心。姑且等到明年春天三月时再来也不迟。汝舟就更不用过来了，家中由大儿子主持，称之为"家督"，治理家业、侍奉母亲，正是你应做的事情，责无旁贷，不用舍弃你的本职来我这里。为父身体还好，入冬后曾服用过一剂补药，精神头也不错，饮食起居方面，也很安稳舒适，不必挂念。

元抚手书。

这是林则徐给长子汝舟的回信，当时林则徐正在广东查办鸦片。长子汝舟辞官回家过新年，林则徐对儿子进行了一番语重心长的训教：官可以不做，书不可以不读。而且要多读圣贤之书，否则就会降低自己的人生境界和生活趣味。同时要讲究礼节，对亲友要多加问候，贫穷的同族要给予帮助。兄弟、夫妻要以礼相待，不得在人前傲慢骄纵。林则徐勉励儿子治理好家业、侍奉好母亲、做好"家督"。总之，他一直在教导儿子无论是对家庭还是对国家，都要有责任心，要尽自己的一份责任。

清末政治家张之洞的《诫子书》是脍炙人口的励志名篇，作者勉励儿子勤学立志，树立责任感。文中写道：

吾儿知悉：汝出门去国，已半月余矣。为父未尝一日忘汝。父母爱子，无微不至，其言恨不一日离汝，然必令汝出门者，盖欲汝用功上进，为后日国家干城之器，有用之才耳。

方今国事扰攘，外寇纷来，边境屡失，腹地亦危。振兴之道，第一即在治国。治国之道不一，而练兵实为首端。汝自幼即好弄，在书房中，一遇先生外出，即跳掷嬉笑，无所不为，今幸科举早废，否则汝亦终以一秀才老其身，决不能折桂探杏，为金马玉堂中人物也。故学校肇开，即送汝入校。当时诸前辈犹多不以然，然余固深知汝之性情，知决非科甲中人，故排万难送汝入校，果也除体操外，绝无寸进。

余少年登科，自负清

流，而汝若此，真令余愤愧欲死。然世事多艰，习武亦佳，因送汝东渡，入日本士官学校肄业，不与汝之性情相违。汝今既入此，应努力上进，尽得其奥。勿惮劳，勿恃贵，勇猛刚毅，务必养成一军人资格。汝之前途，正亦未有限量，国家正在用武之秋，汝纵患不能自立，勿患人之不已知。志之志之，勿忘勿忘。

抑余又有诫汝者，汝随余在两湖，固总督大人之贵介子也，无人不恭待汝。今则去国万里矣，汝平日所挟以傲人者，将不复可挟，万一不幸肇祸，反足贻堂上以忧。汝此后当自视为贫民，为贱卒，苦身戮力，以从事于所学。不特得学问上之益，且可藉是磨练身心，即后日得余之庇，毕业而后，得一官一职，亦可深知在下者之苦，而不致自智自雄。余五旬外之人也，服官一品，名满天下，然犹兢兢也，常自恐惧，不敢放恣。

汝随余久，当必亲炙之，勿自以为贵介子弟，而漫不经心，此则非余所望于尔也，汝其慎之。寒暖更宜自己留意，尤戒有狭邪赌博等行为，即幸不被人知悉，亦耗费精神，抛荒学业。万一被人发觉，甚或为日本官吏拘捕，则余之面目，将何所在？汝固不足惜，而余则何如？更宜力除，至嘱！

信中大意是：你离家出国，已经有半个多月了。我每天都记挂着你。父母爱子，无微不至，真恨不得一天都不离你身边，但又必须让你出门离家，因为盼望你能用功上进，将来能成为国家的栋梁、有用的人才啊。

现在国家正处在纷乱时期，外寇纷纷入侵，疆土接连失陷，国家腹地也危在旦夕。想要振兴国家，最重要的是治理好国家。治理好国家的办法不止一个，训练军队实在是首要的良策。你从小就贪玩好动，在书房中，老师一旦离开，你就跳起来打闹嬉笑，什么事情都干。如今科举已废除，否则你最多也就只能以一个秀才的身份混到老，不可能金榜题名，成为朝廷所需要的官员。所以学校刚一设立，我就送你入学。那时还有很多前辈不认可这样的做法，但我十分了解你的脾气秉性，知道你一定不是科举之人，所以排除各种困难送你入学读书，果然除体操外，其他的没一点儿长进。

我少年科举成功，自己觉得步入清廉名流的行列。要是像你那样，早就愤懑愧疚得无地自容。现在世事艰险，习武很好，因此送你东渡日本求学，进士官学校进修，这样也符合你的脾气秉性。你现在已经入学，应该努力上进，要把军事上的精髓全部学会。不要畏惧辛劳，不要自恃高贵，要勇猛刚毅，务必要把自己培养成真正的军人。你的前程不可限量，国家正处在急需军人保卫祖国的关口，你只需要担心自己能不能够成才，不需担心别人了不了解自己。一定记住，千万别忘。

我还有要告诫你的事情，你和我一起在湖南湖北，自然是总督大人的尊贵公子，没有人会不恭敬地对待你。而现在你已经离开祖国万里之遥，你平时凭借的轻视其他人的资本，将会不存在了，万一大意惹出祸端，反而让我们十分担忧。你今后应该把自己看成是贫苦的普通百姓，看成是地位低下的一般士兵，吃苦尽力，来面对求学时遇到的问题。这不光是学问上的长进，而且可以以此磨炼身心，就算将来得到我的照顾，毕业之后谋得一官半职，也要深切了解社会底层百姓的艰苦，而不至于自认为聪明，比别人优秀。我已经是五十岁开外的人了，官居一品，天下闻名，但还是要小心谨慎，常常担心自己做错事，不敢恣意放纵。

你跟随我的时间很长了，我一定会亲自悉心调教训导你，不要自认为是富贵公子，就随便放纵，全不在意，这不是我对你的希望，你一定要谨慎啊。天气冷暖更要自己注意，尤其不要干嫖娼赌博等丑事，即使不被人知道，也耗费时间荒废学业，万一被人知道，甚至有可能被日本警察拘捕，那我的脸面往哪里放？那样的话，你是不值得可惜，那我又能够怎么办呢？你一定要根除我所嘱咐的这些事。

《诫子书》是张之洞写给出国在外儿子的家书。张公子从小不爱读书，张之洞便把他送到日本士官学校习武，一方面"不与汝之性情相违"；一方面"国家正在用武之秋"，希望儿子成为"有用之材"。其谆谆教诲，可谓语重心长。在信中，张之洞对儿子谈了三点要求：一是向儿子说明为什么要送他去日本上士官学校学习，剖析了国家形势，罗列孩子实际，把做父亲的良苦用心和盘托出，希望儿子有所造就，为保卫国家领土、守护国家安定做出贡献。信中动之以情、晓之以理。二是训诫儿子不要以"贵介子弟"自居，而应该把自己看成是贫苦的普通百姓，看成是地位低下的一般士兵，吃苦尽力，以这样的身份，来面对求学时遇到的问题。这不仅能使学问有所长进，而且还可以磨炼身心。即使毕业后谋得一官半职，也要深切了解社会底层百姓的艰苦，而不要自认为聪明，比别人优秀。希望儿子能够得到磨炼、增长才干。三是嘱咐儿子入学后应该努力上进，要把军事上的精髓全部学会。不要畏惧辛劳，不要自恃高贵，要勇猛刚毅，务必要把自己培养成真正的军人。在父亲眼中，儿子前程不可限量，他叮嘱儿子，国家正是在急需军人保卫祖国的关口，只需要担心自己能不能够成才，不需担心别人了不了解自己。

这三方面内容其实都是在进行责任感的教育。第一教导儿子要学好军事上的精髓，这是为国家抵御外来侵略的一种责任。第二不要"自以为贵介子弟"而自傲，养成纨绔气，要把自己当成普通百姓，吃苦耐劳，这是为自己的成长负责。三要为自己的父母家人负责，信中说："汝出门去国，已半月余矣。为父未尝一日忘汝。父母爱子，无微不至，其言恨不一日离汝，然必令汝出门者，盖欲汝用功上进，为后日国家干城之器，有用之才耳。"这是父母对孩子的期望，也是父母对孩子的一份担忧。为不辜负父母的期望，也应该努力上进。由此我们不仅可以清楚地看到，张之洞作为清廷官员的人品和作为一代名臣的境界，也能够感悟到先贤治家的严谨。

责任感教育很重要，在当代的教育中尤其需要加强。目前多数家长和老师更多地关注孩子的学习成绩，责任感的教育往往被忽略。结果是有些孩子的思维局限于自我的狭小的范围内。遇到问题只考虑自己的感受和利益。在学习和工作中也往往只追求功利性。近几年，我们经常听到有孩子自杀这样令人痛心的消息，虽然孩子自杀的原因是多方面的，但是家长与学校老师的教育方法不当，责任教育和生命教育缺失应该是主要的原因。当孩子选择自杀时，他并没有想到他的死会给父母和家人及学校老师带来什么影响。他缺少对生命的敬畏，缺少对父母的责任感，缺少对社会的责任感——因为孩子的生命并不属于他个人。

## 四、谦虚

《周易》中有一句话："天道亏盈而益前，人道恶盈而好谦。满则招损，谦则受益。"陈毅曾说："历览古今多少事，成由谦逊败由奢。"这是已经被无数事实所证明了的一条颠扑不破的真理：历史上所有成功者无不具备谦虚谨慎的美德。

谦虚礼让，既是一种美德，也是儒家所强调的一种处世原则。汉代刘向在《说苑·敬慎》中对谦虚这一美德这样概括："德性广大而守以恭者荣，土地博裕而守以俭者安，禄位尊盛而守以卑者贵，人众兵强而守以畏者胜。聪明睿智而守以愚者益，博闻多记而守以浅者广。此六守者，皆谦德也。"所以，从古至今，谦虚一直是衡量一个人品质的重要标准。曾国藩曾经说过："人必中虚，不著一物，而后能真实无妄，盖实者，不欺之谓也。"

身处清末乱世中的曾国藩，在短短不到十年之间，就由一名默默无闻的守节闲官而跃升为位高权重的封疆大吏，这一方面是靠他的能力，另一方面是因为他谦虚谨慎的处世原则。用他自己的话说是："谦以自持，严以驭下，则名位悠久矣。"他把谦虚看作是一种以退为进的人生谋略。他认为："勤而不自言其劳，廉而不觉其介，谦而出之以真朴之气，乃不犯人之忌，亦即保身之道。"

所以他经常告诫身边的人，要以谦虚为本。当时他的部下鲍超因为有功，朝廷要给鲍超晋升职务时，曾国藩对鲍超说："阁下当威望极隆之际，沐朝廷稠叠之恩，务当小心谨慎，谦而又谦，方是载福之道。"

曾国藩一生谦虚谨慎，对自己要求极为严格，他常常告诫自己：天下无穷进境，多从"不自足"三字做起。他一生养成了三个好习惯：

第一个习惯是反省，他每天写日记进行修身，反省自己在为人处世等方面存在的不足，他说："吾人只有进德、修业两事靠得住。进德，则孝悌仁义是也；修业，则诗文作字是也。此二者由我做主，得尺则我之尺，得寸则我之寸也。今日进一分德，便算积了一升谷；明日修一分业，又算余了一文钱；德业并增，则家私日起。至于功名富贵，悉由命走，丝毫不能自主。"曾国藩就是这样不断反省、修炼自己。

第二个习惯是读书，他规定自己每天必须坚持看历史书不少于十页。他说："一个人埋头看书，即使每天不吃不睡不玩，而且坚持看到一百岁，在一般人眼里，可能算是知识渊博了，但是中国的古籍浩如烟海，即使有人认为他已经博览群书了，他所看过的书与全部史籍比较，也只是九牛一毛，大海之一粟。因此，一个人不要自满，天下之大，强中更有强中手。"他常说："吾人为学最要虚心。""读书穷理，必得虚心。"所以，曾国藩持之以恒，坚持读书，不仅增长了才干，更懂得了为人处世的道理。

第三个习惯就是写家书，曾国藩仅在1861年就写下了253封家书，他不断教育训导弟弟和子女，要以谦立身，戒除骄气。他多次给弟弟和子侄写信，教育他们一定要谦虚地做人做事。如下面这封家书：

沅、季弟左右：

接信，知北岸日内尚未开仗，此间鲍、张于十五日获胜，破万安街贼巢，十六日获胜，破休宁东门外二垒，鲍军亦受伤百余人。正在攻剿得手之际，不料十九日未刻，石埭之贼破羊栈岭而入，新岭、桐林岭同时被破。张军前后受敌，全局大震，比之徽州之失，更有甚焉。

余于十一日亲登羊栈岭，为大雾所迷，目无所睹。十二日登桐林岭，为大雪所阻。今失事恰在此二岭，岂果有天意哉？

目下张军最可危虑，其次则祁门老营，距贼仅八十里，朝发夕至，毫无庶阻。现讲求守垒之法，贼来则坚守以待援师，倘有疏虞，则志有素定，断不临难苟免。

回首生年五十余，除学问未成尚有遗憾外，余差可免于大戾。贤弟教训后辈子弟，总当以勤苦为体，谦逊为用，以药骄佚之积习，余无他嘱。

咸丰十年十月廿日

这封信翻译过来的意思是：

沅、季弟左右：

接到来信，知道北岸近日还没有开仗。这边鲍、张在十五日打了胜仗，破了万安街敌巢，十六日打胜仗，破了休宁东门外两个堡垒，鲍军自己也有百多人受伤。正在进攻连连得手的时候，不料十九日未刻，石埭的敌人，破了羊栈岭而进入新岭，桐林岭同时被破，张的军队前后受敌，使整个战局大大震动，比徽州的失败还要严重。

我在十一日亲自登上羊栈岭，为大雾迷住，看不见什么。十二日又登上桐林岭，为大雪阻碍。现在失败恰好在这两岭，岂不是天意？

眼下张的军队最危急，其次是祁门老营，距离敌军只有八十里，早晨发兵，晚上可到，一点遮盖阻拦都没有。现在只有讲求守堡垒的办法，敌人来了便坚守，等待援军。假使有疏忽，那反正我的志向一直未变，绝对不会临难苟且偷生。

回忆自出生以来五十多年，除了学问没有完成，还有点遗憾外，其余都可以免于大错。贤弟教训后辈子弟，总应当以勤苦为大政方针，以谦逊为实用方法，以此来医治骄奢淫逸这些坏习惯，其余没有什么嘱托的了。

咸丰十年十月二十日

这封家书写于战时危机、前途未卜的情况下，所以开始就写战事，然后笔锋一转，回忆五十多年的人生，嘱咐弟弟要"以勤苦为体、谦逊为用"，戒除"骄奢淫逸"的恶习。

还有一篇给四弟的家书，信中写道：

自十一月来，奇险万状，风波迭起，文报不通者五日，饷道不通者二十余日。自十七日唐桂生克复建德，而皖北沅、季之文报始通。自鲍镇廿八日至景德镇，贼退九十里，而江西饶州之饷道始通。若左、鲍二公能将浮梁、鄱阳等处之贼逐出江西境外，仍从建德窜出，则风波渐平，而祁门可庆安稳矣。

余身体平安。此一月之惊恐危急，实较之八月徽、宁失时险难数倍。余近年在外，问心无愧，死生祸福，不甚介意。惟接到英、法、美各国通商条款，大局已坏。兹付回二本，与弟一阅。时事日非，吾家子侄辈，总以谦勤二字为主，戒傲戒惰，保家之道也。

咸丰十年十二月初四日

这封信与上一封内容相近，国内战局不稳，外强恶意施压，曾国藩向弟弟传授"保家之道"，就是要坚守谦恭和勤劳，戒掉骄傲和懒惰。其实，以当时曾家的实力，一代人高枕无忧地过日子没有问题。但曾国藩看到的是"大局已坏"，所以传保家之道，以求长久。

另外还有一封给四弟的家书：

腊底由九弟处寄到弟信，具悉一切。弟于世事阅历渐深，而信中不免有一种骄气。天地间惟谦谨是载福之道，骄则满，满则倾矣。凡动口动笔，厌人之俗，嫌人之鄙，议人之短，发人之覆，皆骄也。无论所指未必果当，即使一一切当，已为天道所不许。

吾家子弟满腔骄傲之气，开口便道人短长，笑人鄙陋，均非好气象。贤弟欲戒子弟之骄，先须将自己好议人短、好发人覆之习气痛改一番，然后令后辈事事警改。

欲去骄字，总以不轻非笑人为第一义；欲去惰字，总以不晏起为第一义。弟若能谨守星冈公之八字、三不信，又谨记愚兄之去骄去惰，则家中子弟日趋恭谨而不自觉矣。

咸丰十一年正月初四日

信的意思是说：

十二月底从九弟处寄来你的信，知道一切。弟弟对于世事阅历逐渐加深了，但信里流露出一种骄气。天地之间，只有谦虚谨慎才是通向幸福的路。人一骄傲，就满足；一满足，就失败。凡属动口动笔的事，讨厌人家太俗气，嫌弃人家鄙恶，议论人家的短处，指斥人家失误，就是骄傲。更何况所指所议的未必正当，就是正当切中要害，也为天道所不许可。

我家的子弟，满腔骄傲之气，开口便说别人的短长，讥笑别人鄙俗粗陋，都不是好现象。贤弟要告诫子弟除去骄傲，先要把自己喜欢议论别人短处、讥讽别人失败的毛病痛加改正，然后才可叫后辈子弟们事事处处警惕，不再犯这个毛病。

要想去掉骄字，以不轻易非难讥笑别人为第一要义。要想去掉惰字，以早起为第一要义。弟弟如果能够谨慎遵守星冈公的八字诀和三不信，又记住愚兄的去骄去惰的话，那家里子弟，不知不觉中便会一天比一天近于恭敬、谨慎了。

这是一封给弟弟的回信，曾国藩从收到的弟弟信中，发现有议论别家长短、讥笑他人鄙陋的骄傲之气，便马上回信，训导弟弟要痛改议论讥笑别人的毛病，并教育家族后辈子弟，不再重蹈覆辙。曾国藩认为：人一旦骄傲就会自满，一旦自满就要栽跟头，因为这是天道所不容的。再三告诫家里子弟，去骄去惰、恭敬谨慎。这些为世代圣人君子所遵从的美德，至今仍有积极的教育意义。

这种谦和虚心的品质培养，是儒家文化的一部分，体现的是儒家文化的道德标准；曾国藩是学者型的官僚，中国儒士的典型代表，他谦恭的人生修养和处世态度充分体现了儒家士人的风范；而对弟弟与子女的书信教育，也体现了中国家教的一种传统方式，其内容闪烁着中国几千年传统智慧的精华，具有积极进取、科学实用的价值。

对于孩子优良品德的培养，虽然方法与标准会有所差异，但是世界各国的有识之士最终是殊途而同归，犹太人对孩子谦虚美德的培养方法，也值得我们借鉴。

《犹太法典》中这样告诫人们："即便是一个贤人，如果他炫耀自己的知识，那么他就不如一个

以无知为耻的愚者。"由此可见犹太人对谦虚的理解和重视。在犹太人看来，谦虚使人进步，骄傲使人落后，他们对此深信不疑。因此，他们不仅自己处处表现出谦虚，还非常重视对孩子谦虚品德的培养。他们常常会给孩子讲述这样一个故事：

所罗门国王是世界上最聪明的人，他能听懂所有动物的语言，上至飞禽，下至走兽，甚至还有海里的鱼。有一天，他坐在自己的王宫门前在欣赏和煦的阳光，这时候，有两只小鸟飞过来，叽叽喳喳地叫着，他听见雄鸟问自己的同伴："坐在那里的人是谁呢？"雌鸟回答说："那是闻名世界的国王。"那只雄鸟嘲笑着说："据说他很有力量，他能有多少力量？如果我愿意，我动一下翅膀就可以把这么多宫殿和堡垒都推倒。"

雌鸟鼓励雄鸟说："那你就试一下吧，让我来见证，你说的话算不算数。"所罗门听了它们的对话，很惊讶，他把雄鸟叫来，问雄鸟："你为什么如此骄傲，说这么夸张的话？这可是要受到惩罚的。"

雄鸟听了所罗门的问话，不禁浑身颤抖，对国王说："请您原谅我吧，我知道我没有那样的本事，我只是在妻子面前夸夸海口，想让妻子高兴罢了。"所罗门听了笑笑，没再说什么。

雌鸟正站在屋顶上，等着雄鸟回来告诉他国王说什么了，雄鸟回来，挺着胸膛骄傲地说："国王求我不要毁坏他的宫殿。"

所罗门听到雄鸟又说大话，一气之下就把这两只鸟都变成了石头，以此告诫人们不要傲慢地夸海口、说大话。至今在俄马神庙的南墙上，有一块镶有黑框的大理石板上面，还有那两只高傲自大的小鸟石像。

这个故事形象地告诉人们，当一个人说大话的时候，就一定会失去应有的谦虚和进取的品质，所以，骄傲自大的人必然失败。

那犹太人在这方面是怎么教育孩子的呢？方法主要有三点：

第一，教育孩子要有自知之明，正确认识自己。

每一个人都有各种长处和不足，犹太人家长教育孩子既要看到自己的优点和长处，又要明智地认识到自己的不足和短处。比如牛顿，虽然事业已经取得了成功，但是，他却认为自己就是一个在海滩玩耍的小孩，只是在海边捡到几个贝壳而已。所以，谦虚的人总是在不断地努力进取。

第二，要正确认识别人的长处，虚心向别人学习。

谦虚的人总能看到别人的优点，并会取他人之长，补自己之短，不断地充实自己，所以也就总有进步。

第三，戒骄戒躁。

在犹太人眼里，人一旦摒弃了实事求是的做人态度，就会故步自封，无所作为。他们要求孩子，既不能骄傲自大，又不能妄自菲薄，盲目自卑。既要谦虚，又要充满自信。

犹太人教育孩子内敛和睿智，在他们的意识里，要培养孩子谦虚的美德，但同时也要帮助孩子树立自信心。在谦虚与自信之间，把握好分寸，才能真正发挥孩子自身的潜质。他们坚信，只要能正确认识自己并不断努力，就一定能取得事业的成功。所以在平常的日子里，犹太人家长对孩子说得最多的一句话就是"正确认识你自己"。其目的是引导孩子树立自信心。他们也经常给孩子讲这样的故事：

世界著名的科普作家阿西莫夫，曾经也是一名自然科学家。一天上午，他在打字机前，突然脑子里想到一个问题："我不能成为一名一流的自然科学家，但我可以成为一名一流的科普作家呀！"于是，他就把全部的精力放在了科普的创作上，最终如愿以偿。

爱因斯坦在读大学的时候，有一天他的老师佩尔内教授对他说："你有工作的热情和理想，但是缺乏能力，你为什么不学习医学、法律或者哲学呢？你为什么要学习物理呢？"尽管老师说得很直接，但是爱因斯坦并没有觉得难堪，而是正确地衡量自己的兴趣爱好和潜能，他认为自己在理论物理学方面有足够的才能，所以，他坚定信心，没有被老师的话所左右，在理论物理学方面努力钻研，终于取得了非凡的成就。

所以犹太人家长对孩子说：首先，要树立信心但不要骄傲，取得成就之后，不要骄傲自满，不要贪心。要懂得与大家一起分享你的成就。其次，要有责任心，要对事业有足够的责任感；最后，要给自己定位，既要有信心，又不要自负，从自己的实际出发，确立自己的人生目标，并朝着目标方向不懈努力。

我们与犹太人在教育孩子学会谦虚方面，有许多共同之处。但是教育孩子树立自信心方面，我们还有欠缺，还应该把握好尺度：谦虚过头，容易造成自卑；而自信过头，就是自负。在现实中，我们把握不好，就容易走向极端。

华罗庚与陈景润的故事很值得我们学习。1955年，陈景润在厦门大学数学系资料室工作期间，开始研读华罗庚先生的著作《堆垒素数论》。陈景润一丝不苟，非常认真仔细地阅读每一页的内容，并把所有的定理都记在心上。在读到"它利问题"的论证时，陈景润发现了一个小小的不易察觉的问题，他就写了一篇关于改进华罗庚先生研究结果的文章，托付老师转交给华罗庚先生。同时他给华罗庚先生写了一封信，谦虚地说："明星上落下的微尘，我愿帮您拭去。"

华罗庚读完陈景润的论文和信以后，非常惊讶，他没想到陈景润对《堆垒素数论》能研究得这么透彻，而且这么善于思考，有自己的见解。于是他向全国数学会推荐邀请陈景润参加了1956年首届研讨会，在会上，陈景润宣读了自己关于"它利问题"研究的论文。华罗庚先生对这篇论文给予了高度评价。并随后建议将陈景润调到中科院数学研究所工作。在华罗庚先生的指导下，陈景润得出了哥德巴赫猜想的研究成果。

华罗庚先生的《堆垒素数论》当时已经享有盛誉，但是面对陈景润所发现的问题，他却异常兴奋和虚心地接受了，而且还做了伯乐，表现出谦虚的品格和极高的内在修养。当然，这也源于华罗庚先生的自信。真正的谦虚不是贬低自己，而是与自信相一致，在不足中求进取，是为了更好地完善自己。

美国人对孩子的教育就重在培养竞争意识，他们格外重视成功的价值。在美国人的眼里，重要的不是一个人的家庭背景，而是他本人的才华和能力。在任何时候任何地方，小孩子都明白，赢得家长和老师的宠爱，不是因为自己的外表，而是靠自己的努力。比尔·盖茨的成长经历就说明了这一点。

学生时代的比尔·盖茨就有很强的进取精神，几乎没有一个学生能超过他。有一次，老师给班级学生布置了一道作业，要学生写一篇四五页长的关于人体特殊作用的作文，结果他一口气写出来三十多页。还有一次，老师让全班同学写一篇不超过二十页的短故事，比尔·盖茨竟然写了一百页的故事。

在哈佛大学，比尔·盖茨作为一名新生，他遇到了人生第一个打击，他发现周围的每一个人都和他一样聪明，甚至有些人考试成绩比他好。在他的学生生涯中，还是第一次没有冲到第一名。他的竞争天性被最大地激发出来，他开始非常刻苦地学习。他有一个信条：在一切事情上都不能屈居第二。他的格言就是"我应为王"。他曾经对童年时代的朋友说："与其做一株绿洲的小草，还不如做一棵秃丘中的橡树。因为小草毫无个性，而橡树昂首天穹。"

上学从来不做笔记的比尔·盖茨，却抄写了洛克菲勒的一句名言："即使你们把我身上的衣服剥得精光，一分钱也不剩，然后把我扔在一个孤岛上，但只要有两个条件：给我一点时间，并且让一支船队从岛边路过，那要不了多久，我就会成为一个新的亿万富翁……"

比尔·盖茨的愿望实现了。他成为软件霸主，他以自己的成就验证了一个道理：聪明不是最重要的，不愿意屈居第二的志向才是真正的成功的动力。

由此，我们可以说，谦虚是一种美德，也是保身持家的重要方法，更是提高自我修养的一种手段。但是谦虚到什么程度，是要因人而异的，谦虚不能贬低自己，本来自己做得很好，却把自己说得一无是处，那就是虚伪了。如果仅仅把谦虚当作一种形式，而没有从内心去修炼自己，那也是虚伪的表现。

## 五、节俭

节俭，是中华民族的传统美德，在中国古代所有的家训家书中，都将节俭作为一项重要内容。北宋著名文学家、史学家司马光在给儿子司马康的家书《训俭示康》中，就以节俭为主题，训导他的儿子司马康要生活节俭，并养成节俭的好习惯。

司马光以自己年轻时不喜华靡、注重节俭，来对儿子康进行现身说法，写得真切动人。

他说："我本来出生在卑微之家，世世代代承袭清廉的家风。我生性不喜欢奢华浪费。从幼儿时起，长辈给我金银饰品，让我穿上缀有金银饰品的华丽衣服，我总是因感到羞愧而把它们扔掉。"

宋代是一个以科举取士的年代，每次科举考试结束以后，皇帝都要为新考取的进士举行庆功宴，在宴会上，每一个中举的人都要戴上一朵花。司马光二十岁时考中科举，在喜庆的宴会上，只有他没有戴花，与他一起中举的人说："这是皇帝的恩赐，不能违抗。"于是他才在头上插一枝花。司马光认为，人一辈子对于衣服的需求可以御寒就行了，对于食物的索取能充饥就可以了。他在《训俭示康》书中说："一般的人都以奢侈浪费为荣，而我唯独以节俭朴素为美，人们都讥笑我固执鄙陋，我不认为这有什么不好。孔子曾说，与其骄纵不逊，宁可简陋寒酸，因为节约而犯过失的是很少的。孔子还说，想探求真理但却以穿得不好吃得不好为羞耻的读书人，是不值得跟他谈论真理的。古人尚且把节俭看作美德，而当今的人却以节俭为耻，这是不正常的现象啊。"

对于当时流行的奢侈浪费之风，司马光深恶痛绝，他说："我记得天圣年间我的父亲担任群牧司判官，有客人来都要招待，有时行三杯酒，或者行五杯酒，最多不超过七杯酒。酒是从市场上买的，水果只限于梨子、枣子、板栗、柿子之类，菜肴只限于干肉、肉酱、菜汤，餐具用瓷器、漆器。当时士大夫家里都是这样，人们并不会认为有所不妥。聚会虽多，但只限于是礼节上的往来，虽然是粗茶淡饭，但情谊深厚。可是近来士大夫家置办酒宴，酒必须是按宫中的方法酿造的，水果、菜肴必须是珍品特产；如果食物品种不多、餐具不能摆满桌子，就不敢约会宾客好友，常常是要筹办几个月，然后才敢发邀请。否则人们就会责怪他，认为他吝啬。唉！风气如此败坏，有权势的人却不禁止，忍心看着、助长这种风气。"

司马光还在《训俭示康》中列举了曾经担任宰相的李文靖公，在封丘门内修建住房，厅堂前只留了能够让一匹马转过身的地方。参政鲁公担任谏官时，真宗派人紧急召见他，是在酒馆里找到他的。入朝后，真宗问他从哪里来的，他据实回答。皇上说："你担任清要显贵的谏官，为什么在酒馆里喝酒？"鲁公回答说："臣家里贫寒，客人来了没有餐具、菜肴、水果，所以只能去酒馆请客人喝酒。"皇上因为鲁公没有隐瞒，更加敬重他。宰相张文节，自己生活俭朴，与他亲近的人劝告他说："您现在领取的俸禄不少，可是自己生活这样清廉节俭，外面有很多人对您有微词。您应该随俗呀。"张文节叹息道："我现在的俸禄，即使全家穿貂裘绸缎、食膏粱鱼肉都是足够的，但是人之常理，由节俭到奢侈容易，而由奢侈再回到节俭就难了。我难道会一直拥有现在这么高的俸禄吗？如果有一天我不再当官或者死去，家里的人已经习惯了奢侈，不懂得节俭了，那时候生活就会很艰难了。"司马光认为这才是贤者的深谋远虑！

他还引用了春秋时鲁庄公的大夫御孙说的话："俭，德之共也；侈，恶之大也。"当年鲁庄公将要迎娶姜氏，就把鲁桓公的宫庙进行了装饰，采用天子之礼，把房梁重新进行了雕刻，不合于当时的礼法，因此御孙大夫要谏阻鲁庄公。这句话的意思是：节俭，是最好的品德；奢侈，是最大的恶行。有德行的人都是从节俭做起的。因为，节俭就少贪欲，有地位的人如果少贪欲就不会被外物所牵制，就可以走正直的路。没有地位的人少贪欲就能约束自己，节约费用，避免犯罪，使家室富裕。所以说："节俭，是最好的品德。"奢侈就多贪欲，有地位的人如果多贪欲就会贪恋、爱慕富贵，不行正道，招致祸患；没有地位的人多贪欲就会多方营求，随意挥霍，败坏家庭，丧失生命。因此，做官的人如果奢侈必然贪污受贿，平民奢侈必然盗窃别人的钱财。所以说："奢侈，是最大

的恶行"。

司马光还列举了古代先贤的生活情形来进一步说明节俭的意义:"古时候正考父用粥来维持生活,孟僖子推断他的后代必出显达的人。鲁国大夫季文子辅佐鲁文公、宣公、襄公三君王时,他的小妾不穿绸衣,马不喂小米,当时有名望的人认为他忠于公室。管仲使用的器具上都雕有精美的花纹,戴的帽子上缀着红色的帽带,住的房屋梁上雕刻着山岳图形,装饰着精美的图案。孔子看不起他,认为他不能干大事。卫国大夫公叔文子在家里宴请卫灵公,史鲋推知他必定遭遇祸患。他去戍边时,果然由于暴富而获罪,逃亡在外。何曾每天的饮食就要花费一万铜钱,到了他孙子这一代就因为骄奢而倾家荡产。西晋石崇经常夸耀他的奢靡生活,最终死于刑场。近年寇准的豪华奢侈堪称第一,但因他的功绩大,人们没有批评他,他的子孙习染了这种奢靡的家风,现在大多穷困了。其他因为节俭而成名的,因为奢侈而衰败的人还很多,不能一一列举,姑且举出几个人来教导你。你不仅自己应该节俭,还要教导你的子孙,让他们了解前辈节俭的家风和传统。"

司马光认为,好的品德是要通过节俭来培养的,所以他把培养节俭作为教育后代的重要内容。

全文平实自然,明白如话,旁征博引,说理透彻。虽然是教育后人,但是没有板着面孔严肃地正面训诫,而是用长者的口吻在回首往事,在今昔对比中以亲切的语调娓娓道来,因而具有很强的感染力和说服力。

司马康不负父亲教诲,生活俭朴,学习努力,于宋神宗熙宁三年(1070),自己二十岁时考中进士,两年后任西京粮料院的督查官。司马光编撰《资治通鉴》时，他帮助父亲做了大量的文字检阅工作，深得父亲信任。后来被授予山南东道节度判官公事，元丰八年（1085），升任秘书省正字，第二年升任校书郎，后又任宋神宗的实录检讨官。

> **《训俭示康》产生的历史背景**
>
> 司马光所生活的北宋年间，世风日下，奢靡之风盛行。人们竞相讲排场、比阔气。许多人为了酬宾会友常常"数月营聚"，大操大办。这种铺张浪费、比阔夸富的风气，让司马光感到深深的忧虑，他担心这样的社会风气会腐蚀年轻人的思想。为使子孙后代避免不良社会风气的影响和侵蚀，司马光特意为儿子司马康撰写了《训俭示康》家训，以教育儿子及后代继承发扬俭朴家风，不要奢侈腐化。

宋代的袁采曾作《袁氏世范》以教化风俗，其中有一段"富贵不能骄横"的论述：

谁富谁贵，在人生中是颇为偶然的事情，岂能因为富贵了就横行乡里、作威作福？有些人本来贫穷，后来发财致富；或是本来出身微贱，后来身居高官，这种人虽然被世人视为有才能，但也不能因此而在家乡过于招摇。如果因为祖先的遗产而过上富足的生活，依靠父亲或祖父的保举而获得官位，这种人与常人又有什么区别？他们中如果有人想在乡亲们面前炫富夸官，这种炫耀不仅令人感到羞愧，甚至让人感到可怜。

中国有句古话，即"贫贱不能移，富贵不能淫"。人生在世，或富或贵，因素很多。或勤劳致富、财源滚滚，或才学过人、官运亨通，或先辈的遗产丰厚。总之，富贵显达了，断不可过分张扬、无度招摇，四处炫耀，甚至骄横乡里耍威风。那样的话必为人所鄙视，以致给自己招来祸患。

司马光《训俭示康》与袁采《袁氏世范》两篇相辅相成，一个是倡导节俭，一个是言明即便富贵了，也不能在乡亲间骄横。这两篇文章都是为了培养后代的良好品格。他们的家训深刻体现了他们所追求的儒家思想教化之下的完美人格。

### 袁氏世范

《袁氏世范》共三卷，分《睦亲》《处己》《治家》三篇，内容非常详尽。《睦亲》凡60则，论及父子、兄弟、夫妇、妯娌、子侄等各种家庭成员关系的处理；《处己》计55则，纵论立身、处世、言行、交游之道；《治家》共72则，基本上是持家兴业的经验之谈。《袁氏世范》一书的论理并不像其他古代修身齐家的书那样古板正统，相反，袁采思想开明，甚至敢于反传统。他是从实用和近人情的角度来看待立身处世的原则的，譬如，它提倡家庭的成员应该是平等的，父子兄弟之间都是平等的，可以保持各自的性格特点。即便是家中的长辈，也要以自己超乎别人的修养来树立自己的威信，而不能压服别人，子女也没必要屈从长辈的权威。

> 《袁氏世范》包含了丰富的家庭伦理教化和社会教化思想，在许多方面都将中国古代家庭教育和训俗的内容、方法提高到一个新的高度。

还有曾国藩教子弟，不仅要求子弟诚实谦虚，还特别教育子弟要生活节俭。他在京城经常看到一些高官子弟不学无术，奢侈腐化，所以，他不让子女生活奢华。他自己也一直生活得很俭朴，虽然官至学士，但是他"所有的衣服不值三百金"。他主张不把财产留给子孙，子孙不肖，留也无用；子孙图强，也不愁吃饭的途径。在修身立德、理家、为官等方面，曾国藩也处处以身作则，不仅自己如此，他还要求夫人、弟弟等也率先做到，带动家人树立良好的家风，为晚辈营造良好的成长环境，对晚辈起到了很好的示范作用。他的孩子们也不负父亲的期望——长子曾纪泽是中国历史上卓有成就的外交家，次子曾纪鸿是当时著名的数学家；孙辈中的曾光铨，精通英、法、德、满多种语言，是著名的翻译家；曾光钧，二十三岁中进士；第四代曾约农、曾宝荪均为大学校长、著名的教育家。目前曾氏第五代、第六代遍布海内外，都学有所成，为各界的精英。

德国人对于节俭理解得颇为深刻。德国文丹说："让孩子懂得所吃、所穿、所用都是人们用汗水和心血创造出来的，随意浪费是不珍惜劳动果实、不尊重他人劳动的表现。"爱默生说："节俭是你一生中食之不完的美筵。"

一对年轻的德国夫妇带着刚刚上小学的女儿去逛街，在街上看

第一章 修德篇

见一个卖报纸的老人，父亲从兜里掏出四元钱交给女儿，让她去买十份报纸。女儿买回了报纸，父亲与女儿商量，再按原价把这些报纸卖出去，看看需要多长时间。小女儿听从父亲的话去卖报纸，花了很长时间才把报纸卖掉。然后父亲让女儿去问卖报纸的老爷爷，一份报纸能赚多少钱？老爷爷告诉她，一份报纸才能赚几分钱。她算了一下，这么长时间，老爷爷才赚几毛钱。很辛苦啊！她突然明白了爸爸为什么让她去卖报纸。她低声对爸爸说："以后我不乱花钱了，挣钱太不容易了。"

再看犹太人，他们有一条格言："紧紧地看住你的钱包，不要怕别人说你吝啬，只有当你的钱每花出去一分都能产生两分钱的利润的时候，才可以花出去。"

从这条格言可以看出来，犹太人的教育非常实际，他们认为节俭是不浪费，但不浪费不等于吝啬。可能是受莎士比亚《威尼斯商人》的影响，通常人们都认为犹太人很会算计，很吝啬。然而犹太人对"吝啬"这个词并不反感，他们不喜欢表面的浮华，只需要实实在在的东西，所以他们教育孩子，如果钱赚得多，又很节省，那么你就会很快成为富翁。很多犹太人都是这样富起来的。

> 《威尼斯商人》是英国戏剧家莎士比亚创作的戏剧，是一部具有讽刺性的喜剧。
>
> 这部剧的剧情是通过三条线索展开的：一条是鲍西亚选亲；一条是杰西卡与罗兰佐恋爱和私奔；还有一条是"割一磅肉"的契约纠纷。这部剧的主题是歌颂仁爱、友谊和爱情，同时也反映了资本主义早期商业资产阶级与高利贷者之间的矛盾，表现了作者对资产阶级社会中金钱、法律和宗教等问题的人文主义思想。这部剧作的一个重要文学成就，就是塑造了夏洛克这一唯利是图、冷酷无情的高利贷者的典型形象。

有一个犹太实业家亚伯拉罕·拉姆，他小的时候随父母移民到美国，当时他的父母身无分文。但是他勤奋刻苦而又懂得节俭，后来成为富裕的实业家，有了可以享用终生的一笔财产。

一天，他的朋友去看他，问他："你是怎么挣到这么多钱的？"而拉姆则谦虚地说："不浪费就能挣到了。"

从上述几个故事中我们可以看出，节俭，是古今中外普遍认可并提倡的一种美德，但是在对孩子的教育上各有千秋，中国的传统教育比较内敛，崇尚并提倡生活的简朴、节制，不铺张、不奢侈，教育方式更多地体现在家长的以身作则和训诫。而德国人的教育方式则是让孩子身临其境，亲自体验挣钱的不易，从而使孩子将节俭化作一种自觉的行为。犹太人则通过激发孩子致富的欲望，把节俭作为发财致富的方式之一，激励孩子自己去努力。

在当今物欲横流的社会中，随着物质生活的极大丰富，人们对生活品质的追求不断多样化。奢侈浪费，铺张攀比之风也不断流行。这样的社会与家庭环境对孩子极易产生负面影响：孩子在成长过程中，虚荣心、自尊心也在不断增加，同学之间吃穿用都在互相攀比，这些都会使孩子养成奢侈虚荣的不良习气。遇到这种情况，我们有些家长不是正确引导和教育孩子要根据自己家庭量力而行，而是一味地满足孩子的要求，甚至超出了家庭经济上的承受能力。这种做法不仅助长了孩子的虚荣心，让他们养成了追求奢侈的不良习气，同时也扼杀了孩子自己努力奋斗的意愿。因此，学一学司马光的《训俭示康》和《袁氏世范》以俭养德的教育方法，学一学德国人和犹太人激励孩子自觉行为的方法，对培养家长和孩子的节俭品行都具有非常重要的意义。

## 六、孝悌

"孝"在孔子创立儒家学派之前已经是社会重要的道德规范之一。据文献记载：殷代已经讲孝，殷王武丁的父亲死后，他"乃或亮阴，三年不言"（《尚书·无逸》）。"亮阴"，就是为父亲守丧。武丁的儿子孝己，史书上多称颂他的孝行。周代因宗法制度的加强，统治者也大力提倡孝行，孝道也就得以发展，成为维系家族、巩固统治的重要措施。这时的孝，不仅是对父母，也包括对死去已久的祖先。周人祭祀时说："威仪孔时，君子有孝子，孝子不匮，永锡尔类。"（《诗·大雅》）周的统治者把"孝"作为衡量人的品德、是否能当官为吏的标准，形成了中国传统家庭伦理道德规范的雏形。

孔子把"孝"作为人际关系的重要准则之一，在《论语》里，孔子提出了一系列行为准则和规范，如孝悌、忠恕、恭、宽、信等内容。在这些行为规范里，孔子把孝悌作为道德修养的重要内容，这是中国传统文化中重要的一部分。孟子、荀子都将"孝悌"作为必须尊崇的内容。《礼记》继承了孔子以孝为本的思想，认为"孝"是众德之本。曾子曰："身也者，父母之遗体也，行父母之遗体，敢不敬乎。"至于孝的行为，中国古代"五经"之一的《孝经》里对"孝"的主张：第一，对父母要奉养与服从；第二，对父母要尊敬，要安慰："孝子之事亲也，居则致其敬，养则致其乐，病则致其忧，丧则致其哀，察则致其严，五者备矣，然后能事亲。"第三，谦虚谨慎，恪守先王之道。"在上不骄，高而不危，制节谨度，满而不溢。"

在古代的家训家书中，也都把"孝"作为一项重要内容，如司马光的《温公家范》。这是北宋司马光非常著名的一部家训，因为他出生地在古时候的诸侯国"温国"一带，按当时册封的习俗，司马光去世后追赠为"温国公"。所以，司马光的家训称为《温公家范》。"范"是规范的意思，是后人需要遵循的规矩。司马光是北宋四朝元老，学识渊博、正直谦恭，主持编撰的《资治通鉴》与司马迁的《史记》被尊为史学上的"双璧"。《温公家范》一书是司马光儒家思想和处世经验的总结。全面探讨了家庭伦理关系、为人处世之理和修齐治平之道，被公认为是儒家教化的经典教科书。其中《子篇》专门谈"孝道"：

《孝经》曰："夫孝，天之经也，地之义也，民之行也。天地之经而民是则之。"又曰："不爱其亲而爱他人者，谓之悖德；不敬其亲而敬他人者，谓之悖礼。以顺则逆，民无则焉。不在于善，而皆在于凶德，虽得之，君子不贵也。"又曰："五刑之属三千，而罪莫大于不孝。"孟子曰："不孝有五：惰其四支，不顾父母之养，一不孝也；博弈好饮酒，不顾父母之养，二不孝也；好货财私妻子，不顾父母之养，三不孝也；从耳目之欲，以为父母戮，四不孝也；好勇斗狠以危父母，五不孝也。"夫为人子而事亲或有亏，虽有他善累百，不能掩也，可不慎乎！

《经》曰:"君子之事亲也,居则致其敬,养则致其乐,病则致其忧,丧则致其哀,祭则致其严。"

《礼》:"子事父母,鸡初鸣而起,左右佩服以适父母之所。及所,下气怡声,问衣燠寒,疾痛苛痒,而敬抑搔之。出入则或先或后,而敬扶持之。进盥,少者奉盘,长者奉水,请沃盥,盥卒,受巾。问所欲而敬进之,柔色以温之。父母之命,勿逆勿怠。"

汉谏议大夫江革,少失父,独与母居。遭天下乱,盗贼并起,革负母逃难,备经险阻,常采拾以为养,遂得俱全于难。革转客下邳,贫穷裸跣行,佣以供母,便身之物,莫不毕给。建武末年,与母归乡里,每至岁时,县当案比,革以老母不欲摇动,自在辕中挽车,不用牛马。由是乡里称之曰"江巨孝"。

这段话翻译成现代文的意思是这样的:

《孝经》说:"孝顺父母是天经地义的,是人的本能行为,合乎自然规律，也是大家都要遵循的。"《孝经》又说："不爱自己的亲人而去爱其他人，是有悖于道德的；不尊敬自己的父母而去尊敬其他人，是有悖于礼法的。君王教导其子民要尊敬、孝顺自己的父母，有的人却违背道德礼法，这些不肖之子即使一时得志，君子也不会承认他。"《孝经》还说："五种刑罚里，有三千条罪状，其中最大的就是不孝。"孟子说不孝有五种："一是好逸恶劳，忘记父母的养育之恩；二是赌博酗酒，不念父母的培育之情；三是贪恋财物、只顾自己妻儿，不顾父母生活；四是只管寻欢作乐，让父母蒙羞；五是到处打架滋事，危及父母安全。"所以说，做子女的，如果不能尽心侍奉父母，再多的优点也不足以弥补这个错误。因此，为人子女要谨慎呐！《孝经》说："君子侍奉父母，居家要对父母恭恭敬敬；赡养的事情，要让父母感到愉快；父母生病了，要为他们担忧；父母去世了，要为他们哀悼；祭奠父母，要庄重严肃。"

《礼记》说："子女侍奉父母，鸡一叫就起床，洗漱完毕、穿戴整齐，然后去父母居室问安。问安的时候要和颜悦色。如果父母身体不舒服，或是生病了，要尽力医治。如果与父母一同出入，或在前引路，或在后服侍、恭谨地搀扶。子女伺候父母洗漱，年龄小的负责拿盆，年龄大的负责倒水。请父母洗脸，要主动递上毛巾，再耐心询问父母需要、安慰父母情绪，随时侍奉。父母的吩咐不要违逆，也不能敷衍。"

东汉的谏议大夫江革，少年时父亲去世，与母亲同住。当时天下大乱，盗贼遍地。江革背着母亲逃难，遭遇了各种危难。在下邳客居的时候，穷得连鞋子都穿不起，常常光着脚侍奉母亲。母亲的所需之物，他全部满足。后来同母亲回归乡里，每到年终岁尾，县里检查户口，因为路途颠簸，担心母亲受累，他都自己亲自驾辕拉车，被乡亲誉为"江巨孝"。

《子篇》主要是阐述子女孝顺的问题，这是中国传统文化尤其是儒家文化的核心之一。司马光通过了引用《孝经》告诉子女，奉养双亲既是人必须遵循的贤德，也是人之所以为人的天然本性。所以，"百善孝为先"。一个人如果对自己的双亲都做不到恭敬、奉养、孝顺、爱戴，那么他就是不具备人格的人。那么，怎样侍奉好父母呢？司马光对家人和子女提出了具体的要求，他先引用了《孟子》的"不孝有五"的说法，界定了什么是不孝。也引用《礼》中对父母孝敬的标准来揭示什么是孝，接下来又用江革的故事，告诉家人和后代什么是孝奉双亲的典范。当然，随着时代的变迁和社会的发展，人们对孝敬和侍奉父母的理解也发生了变化，物质生活水平的提高，也给人们实行孝道提供了便捷而优越的条件，但是当前独生子女的家庭却也出现了工作与侍奉父母之间的矛盾，子女们面对着种种的困难与窘境。但是作为传统的美德，其核心及本质是永恒的。

我们再看看袁采的《袁氏世范》里的一段话：

人当婴孺之时，爱恋父母至切；父母于其子婴孺之时，爱念尤厚，抚育无所不至。盖由气血初分，相去未远，而婴孺之声音笑貌自能取爱于人。亦造物者设为自然之理，使之生生不穷。虽飞走微物亦然，方其子初脱胎卵之际，乳饮哺啄必极其爱。有伤其子，则护之不顾其身。然人于既长之后，分稍严而

## 袁氏世范

情稍疏。父母方求尽其慈，子方求尽其孝。飞走之属稍长则母子不相识认，此人之所以异于飞走也。

这段话是说：当人还是婴儿的时候，对于父母的爱戴和依恋之情是极为深切的。而父母对于处在婴儿时期的儿女，爱护怜惜之情也很深厚，抚育关爱达到无微不至的程度。或许由于父母和孩子的血脉刚刚分离，更何况婴儿的音容笑貌本身就能让父母心花怒放，这也是自然界的天意，让人类和这个世界能生生不息、繁衍不止。即使是飞禽走兽、微小的生物也是这个道理，当它们的子女刚刚出生的时候，哺乳喂养都极其用心。如果有意外降临到孩子身上时，它们就会奋不顾身，挺身而出保护孩子。然而，当孩子渐渐地长大，独立的意识强起来，原本依恋的感情也日渐疏远。此时父母应该尽自己最大的努力做到慈祥，子女们也要努力做到孝顺。飞禽走兽之类长大之后，母子各自分离不相认，这是人与飞禽走兽不同的地方。

父母爱护哺育子女，子女恭敬孝顺父母既是人伦之理，也是天然之道。连动物都知道这样做，何况人呢？所以"为人岂可不孝"。中国人历来把"孝"作为衡量一个人品性德行的最重要标准，就是这个道理。

孝，是孝顺父母；悌，是关爱兄长。其实都是在讲人伦之理。关于悌，《袁氏世范》中说：

慈父固多败子，子孝而父或不察。盖中人之性，遇强则避，遇弱则肆。父严而子知所畏，则不敢为非；父宽则子玩易，而恣其所行矣。子之不肖，父多优容；子之愿悫，父或责备之无已。惟贤智之人即无此患。至于兄友而弟或不恭，弟恭而兄或不友；夫正而妇或不顺，妇顺而夫或不正，亦由此强即彼弱，此弱即彼强，积渐而致之。为人父者，能以他人之不肖子喻己子；为人子者，能以他人之不贤父喻己父，则父慈爱而子愈孝，子孝而父益慈，无偏胜之患矣。至如兄弟、夫妇，亦各能以他人之不及者喻之，则何患不友、恭、正、顺者哉。

这一段话谈到父亲对子女的教育，过于慈祥的父亲容易培养出败家子，儿子的孝顺有时却并不被父亲体悟得到。这是现实中常有的事。父亲严厉，儿子就知道畏惧，因此不敢胡作非为；父亲宽容，儿子就什么都不往心里去，因而放纵自己。对儿子的不肖，父亲不加管束。只有那些贤明的人无此忧患。日常生活中，往往会出现兄长友爱弟弟，弟弟却不敬重兄长的，弟弟尊敬兄长，兄长却不友爱弟弟的；丈夫正派，妻子却不柔顺，妻子柔顺而丈夫不正派的情况，也是由于一方太强了，另一方就很容易软弱；一方软弱，另一方就会示强，这是日积月累而形成的。做父亲的，如果能把人家的不肖子与自己的儿子相比较；反过来做儿子的，如果能把别人家不贤达的父亲与自己的父亲相比较，那么父亲就会更知道慈祥关爱儿子，儿子也会愈加孝顺体贴父亲，这样就避免了偏颇的隐患。至于兄弟、夫妇之间，如果都能以他人的缺点与自己亲人的优点去比较，那么还怕自己的亲人对自己不友爱、不恭敬、不正派、不柔顺吗？

父慈子孝、兄友弟恭、夫正妻顺，是自古以来家庭伦理关系的最高境界。然而在现实生活中，父亲慈祥儿子却不孝顺，哥哥友爱弟弟却不恭敬，妻子柔顺丈夫却不正派，或者也会出现与上面说的相反的情况。在袁采看来，出现这种事与愿违的失衡现象，实在是因为父与子、兄与弟、夫与妻之间，没有真正把握住自己在家庭中的角色定位，也就是没有很好地做到"悌"。

中国南北朝时期的文学家和教育家颜之推的《颜氏家训》中《兄弟篇》则专门谈到了"悌"：

夫有人民而后有夫妇，有夫妇而后有父子，有父子而后有兄弟，一家之亲，此三而已矣。自兹以往，至于九族，皆本于三亲焉，故于人伦为重者也，不可不笃。

兄弟者，分形连气之人也。方其幼也，父母左提右挈，前襟后裾，食则同案，衣则传服，学则连业，游则共方，虽有悖乱之人，不能不相爱也。……

二亲既殁，兄弟相顾，当如形之与影，声之与响，爱先人之遗体，惜己身之分气，非兄弟何念哉？兄弟之际，异於他人，望深则易怨，地亲则易弭。譬犹居室，一穴则塞之，一隙则涂之，则无颓毁之虑；如雀鼠之不恤，风雨之不防，壁陷楹沦，无可救矣。

人之事兄，不可同于事父，何怨爱弟不及爱子乎？是反照而不明也！

这段话是说：有了人类然后才有夫妻，有了夫妻然后才有父子，有了父子然后才有兄弟，一个家庭里的亲人，就由这三种关系组成。由此类推，直推衍到九族，都是原本出于这三种亲属关系的，所以这三种关系在人伦中极为重要，不能不重视。

兄弟，是形体不同而气质相通的人。当他们幼小的时候，父母左手牵右手携，一个拉着父母衣服的前襟，另一个扯着父母衣服的后摆，同桌吃饭，哥哥穿过的衣服弟弟接着穿，哥哥学习用过的课本弟弟接着用。去同一处地方玩耍。即使有不按礼节胡乱来的，也不可能不相友爱。

颜氏家训

父母去世后，兄弟应当相互照顾，好比身形和影子，又如同声音和回响那样密不可分。爱护父母给予的身躯，顾惜父母给予的精气，除了兄弟，有谁还能如此挂念呢？兄弟之间的关系，与他人不同，要求过高就容易产生怨气，而关系密切就可以消除隔阂。譬如所住的房屋，出现了一个漏洞就堵塞，出现了一条细缝就填补，那就不会有倒塌的危险。假如有了雀窝鼠洞也不放在心上，风刮雨浸也不加以防范，时间久了就会墙崩柱摧，无从挽回了。

人在侍奉兄长时，不应等同于侍奉父亲，那为什么埋怨兄长对弟弟的爱不如父亲对儿子的爱呢？这就是没有把这两件事弄清楚呀！

《颜氏家训》是中国历史上第一部内容丰富、体系完整的家训，"为古今家训之祖"。此书著成于隋初，是颜之推人生经历、学识积淀、思想精髓的集大成之作，也是训诫颜氏子孙的人生教科书，涉及人生的方方面面。

这一段论述出自《兄弟篇》，主要谈了孝道之中的"悌"，即兄弟之间的关系。中华民族非常关注人伦关系且讲究繁多，这个特点源远流长，几乎谈社会或家庭的文字，都会涉及此。《颜氏家训》诸多篇目都谈到人伦关系问题，而《兄弟篇》可谓是一篇专论，凸显出作者对人伦关系的重视。篇中的训诫围绕兄弟关系展开，主要有三点：第一是长幼有序、"三亲"为重，在夫妻关系、父子关系和兄弟关系中，是有轻重顺序的，教导儿孙要孝顺父母，父慈子孝，家庭才可和睦。第二是兄弟如手足，兄弟相亲是人生中最大的财富。尤其是人到成年，有了妻子和孩子，兄弟之间的关系会疏远和淡薄，因此，搞好兄弟关系更为重要。第三是不傲慢、尊重人，这是兄弟之间相处的基本态度，互帮互助才是兄弟之间的情谊。

　　作者列举了那些能够与许多人或陌路人交接融洽，却与自己兄弟搞不好关系的现象，觉得匪夷所思。其实，这种现象在现实中比比皆是。尤其是在现代独生子女家庭中，亲生兄弟少了，多数是堂兄弟与表兄弟，父母与祖辈对孩子极尽宠爱甚至是溺爱，孩子的头脑里多半形成了以自我为中心的思维定式，兄弟之间的感情更加淡化了。颜之推的这几点见识，都是处理兄弟关系，乃至诸多人伦关系的精髓，虽然距离我们现在已经很遥远了，但是作为中华民族的人伦道德、家庭关系方面的美好德行，是不过时的，与社会主义核心价值观中和谐社会、和谐家庭建设的目标是一致的。所以，作为家庭教育，《颜氏家训》是应该学习的。

　　在韩国，也是非常讲孝道的。韩国国民有一句话："孝是人类一种生生不息的亲情之爱，是家和万事兴的基础。只有在家庭中尽孝，在工作上才能敬业，对国家才能尽忠。"

　　孝道，在韩国社会精神文化生活中是占主导地位的，它渗透在社会生活的方方面面，而且遵循起来一丝不苟。

　　他们每天早上要给父母问安，父母外出回来，子女都要出门迎接。吃饭时，一定要先给老人盛饭，老人开始吃，儿女才可以动筷。韩国很重视对孩子的孝道教育。在家中，家长以身作则，现身说法，对孩子进行潜移默化的影响。在学校，每到寒暑假，各地都要举办"忠孝"教育讲座，给予学生"忠、孝、礼"的传统道德教育。

　　所以，即便是小学生，也知道如何孝敬父母，他们把赡养父母看作是神圣的义务。如果哪一个人做得不够好，他就会遭到全社会的唾弃。

每到春节或者老人过生日，晚辈们一定要回到家里，在长者面前下跪叩头。

韩国小朋友小靖虎只有六岁，他经常和爸爸一起去爷爷家，看着爸爸对爷爷的孝敬，他都记在心里，他也常常围在爷爷身边，问长问短，帮助爷爷做自己能干的事情，或者哄着爷爷开心。在家里，他也学爸爸对待爷爷那样，爸爸下班回家，他立刻上前帮爸爸拿衣服，递上拖鞋。爸爸坐在沙发上，他就倒上一杯水端到爸爸面前。爸爸也礼貌地对儿子说一声"谢谢！"小靖虎竟然弯下腰对爸爸鞠了一躬，说"是我应该做的"。爸爸很欣慰，看到了自己的言行在儿子身上产生的效果。

古希腊人对老人也是很孝敬的，他们很早就懂得，善待父母也就是善待自己，因为家族的传统是一代传递一代的，自己对父母如何，将来自己的子女也就如何。所以，孩子对父母的态度，直接受大人的影响。而一些不敬老、不养老、打骂虐待老人的行为，不仅在雅典的法律上是不被允许的，而且会受到社会的谴责。雅典的舆论要求年轻人对待老人要谦虚有礼。著名哲学家柏拉图就说过："一个有教养的青年在长辈面前，除了被问及要回答外，应该保持缄默，这是理所应当的。"

在古希腊，有一个人人皆知的故事：曾经有一对夫妇，不孝顺自己的父母，让老人住在一间破旧的小房子里，每天用一个小木碗给他们送一点残羹剩饭，而把好吃的留给自己的儿子。他们认为孩子小，需要营养，等自己老了还指望孩子来养老呢。有一天，他们看到儿子在雕刻一块木头，就问孩子："这是做的什么呀？"孩子回答说:"在刻木碗呀,等你们老了给你们用啊!"听了这话,夫妻俩幡然醒悟,原来自己的不孝行为对孩子产生了不好的影响,他们便请老人搬到大房间一起居住,扔掉了那个破木碗,做好的食物先让老人吃。孩子也转变了对他们的态度。

　　希腊的年轻人有的因为各种原因没有和老人住在一起,但是他们也要经常去看望老人,帮助老人做一些家务。与我们现代很多家庭很相似。

　　在施行孝道上,自古就有忠孝不能两全之说,所以,"孝"与"忠"的话题一直为人们所关注,在唐代还就此话题展开了一场

辩论：当时的刑部尚书颜真卿认为，忠孝不能两全，他提出如下理由："已经为孝子了，就不得为忠臣，已经为忠臣了，就不得再为孝子。如果从孝求忠，那么难道是先父母后君王？移孝于忠，那么就是献身孝主。"他认为，这就好比"昼之与夜，本不相随，春之与秋，岂宜同日？"——白天就是白天，黑夜就是黑夜；春天就是春天，秋天就是秋天，它们是分明的，忠与孝，也是这样。颜真卿还举了一个事例说明他的观点：西汉时，安定太守王尊，升迁为益州刺史，在赴任益州途中，到邛崃九曲山路时，听到了一个故事，先前有一个刺史王阳途经此路时，因为畏惧路险恐有生命之危，便说："我的身体是父母给的，为什么要走这条险路而伤了身体？"于是便命令驾驭者返回。王阳是个孝子，他爱惜生命；而王尊是个忠臣，他便命令驾驭者继续前行。

太长博士程皓则认为，天地之性人为贵，人之行莫先于孝，孝于家则忠于国，爱于父则敬于君。脱爱敬齐焉，则忠孝一矣。立君臣，定上下，不可以废忠。事父母，承祭祀，不可以亏孝；忠孝之道，人伦大经。孔子曰："以孝事君则忠。"又曰："大孝，始于事亲，中于事君，终于立身。"此圣人之教也。

程皓坚持忠孝可以两全的理由是，忠孝是人伦大经，朝廷确立君臣，确定上下，不可以废去忠；侍奉父母，继承祭祀，不可以有亏于孝。他认为忠孝是可以两全的，孝于家就会忠于国，爱于父就会敬重君。爱与敬，忠与孝是一致的。忠孝不能同时进行，是针对有些特殊情况而言的，一般情况下是可以做到忠孝两全的。

这场辩论的结果是程皓取胜。这场辩论透露出唐代人在安史之乱之后对忠孝的重新思考，而且"忠"还是被放到重要位置上的。

因为古代，君与国为一体，所以，忠君即是爱国。

其实，忠孝两全，并不难理解，主要取决于如何去认识"忠"与"孝"。北宋大文学家苏轼的母亲在教育他时，采用了偶像激励的方式，给他讲了一个故事：

后汉时期，朝政不修，政权落入宦官手中，他们贪婪、腐败、勒索百姓，滥杀无辜。一些正直的官吏和太学士结合起来和宦官集团进行斗争，宦官集团诬告他们"结党营私，诽讪朝廷"，党人的领袖李鹰、杜密等人被杀害。东汉灵帝建宁二年，宦官集团又开始大肆诛杀党人，范滂是朝廷追杀的党人骨干。范滂从小就有德操，不畏强暴。做官时，总是为民谋利，深得大家的爱戴。朝廷下诏书要逮捕他，县令捧着诏书大哭。范滂知道后，主动跑到县衙门口，县令大吃一惊，赶快从里面出来，对范滂说："天下这么大，哪里不能藏身，你为何跑我这里来？"范滂说："我死了，这场灾难就可以停止了，我怎么忍心连累您呢？"这时，范滂的母亲也来到县衙，和儿子告别。范滂对母亲说："仲博弟为人孝敬，足可以供养母亲。我将命奔黄泉，去追随父亲。弟弟与我一存一亡，各得其所。只望母亲能割舍母子之爱，不要因为我而悲戚。"母亲说："如今你能与李鹰、杜密齐名，我已没有遗憾。既然已经赢得了美名，又何必再求高寿？在这个动乱的年代，何以能两全？"众人听了母亲的话，都感动得流泪。这一年，范滂只有三十三岁。

范滂的形象在小小的苏轼心里留下了难以泯灭的印象，长大后苏轼在

范滂

仕途上历经挫折，范滂的英勇和节操一直激励和鼓舞着他，使他能坚守自己的品格，成为一名品行才学兼具的大文学家。

范滂的死，以及和母亲对话，就是忠孝两全的典型事例。还有南宋岳飞，母亲在他背上刺上"尽忠报国"，就是要鼓舞和勉励他不忘国耻，收复失地，为国尽忠。母亲流着泪，用颤抖着的手在岳飞背上刺完字，对岳飞说："我儿，从今以后，为国出力，不要以家室为念，而要以国家为重。为抗击外患，收复国土，你要竭尽全力，哪怕是血洒疆场，也要在所不惜。只要你能精忠报国，名垂青史，我做娘的就心满意足了。"岳飞时刻不忘母亲的重托，以抗击金兵、收复国土为己任，率领岳家军英勇奋战，屡建功勋，最后为奸人所害。虽然他不能再侍奉母亲，但是他践行了母亲的意志，既为国尽了忠，也算是尽了孝。可谓忠孝两全。

当然，随着社会的发展和时代的变迁，人们对孝悌的理解也发生了变化。当今有些人已经淡化了对孩子进行这方面的教育了，以致虐待老人、不赡养老人的事时有发生。近些年还出现了"啃老族"。特别是现在年轻的父母，工作压力大，照顾孩子、做家务等一些家里的事多数都交给了家中老人，更容易让孩子感觉老人做这些事是应该的。因此，对祖辈的付出没有丝毫的感激，如果不顺自己心愿，还会大哭大闹。孝敬长辈、尊敬长辈的意识也在逐渐淡漠。

孝悌，既是东方传统文化的重要内容，也是一种品德和修养，更是一种社会文明进步的体现，是世界普遍认同的一种文明修养。对于每一个人来说，都是一份社会的责任。所以，在孩子品德教育中不可或缺。尽管不同的文化背景对孝悌的理解不同，做法也有很大差异，我们仍需要恪守世界各国所认同并接受的孝道。

## 七、宽容

要做宽容的人，这是美国人教育孩子的一项内容。美国人习惯于教孩子从别人的角度来看待问题，让孩子设身处地地站在别人的角度来考虑问题，这样孩子就会有与站在自己的角度完全不同的看法。

为了培养孩子宽容大度、团结友善的品格，父母就要以身作则，首先自己要学会宽容。美国运动员沙利在回忆自己的成长经历时说："是父亲那崇高的宽容态度挽救了我。"

沙利的父亲是一个很有钱的商人，沙利从小便自强、敏感，忍受不了别人的批评。少年时，由于好奇，他染上了烟瘾，后来就经常偷家里和兄长的钱来买烟吸。慢慢地他意识到自己行为的可耻，内心很痛苦，但是他没有勇气告诉家里人，他甚至想到了自杀。

后来他经受不住内心的痛苦，就把自己的行为和堕落的过程写在日记本上，交给了父亲。他以为父亲一定会严厉地惩罚他、教训他。但是没想到父亲看完了日记，泪流满面，并没有惩罚他。看到父亲痛心的样子，沙利突然觉得自己太对不起父亲了。从此他下定决心，彻底改掉坏毛病，走上正路。

是父亲的宽容，给了沙利改错的机会，使他能够反省自己，改正错误。同样，从父亲身上，沙利也学会了宽容。

生于1853年的昂尼斯，是荷兰著名的物理学家，从事低温物理

昂尼斯

学的研究。1913年，获得诺贝尔物理学奖。

昂尼斯出生于书香世家，受家庭的影响，他从小就喜欢博览群书，尤其对实验特别感兴趣。书中的一些知识他都想亲自做实验来验证。于是他把自己家的阳台当成天文台；把阁楼当成实验室。一有空就钻进实验室里很长时间不出来。

有一天，昂尼斯在阁楼里做实验时，不小心点着了火。那天正好刮大风，火势越烧越大，实验室变成了火海。

小昂尼斯吓坏了，逃到了荒野里，一夜都没敢回家。爸爸妈妈急坏了，以为孩子被火烧死了。可是清理火场时又不见孩子的踪影。全家人到处去找，才发现躲在荒野中缩成一团的小昂尼斯。

"爸爸妈妈，我对不起你们，我错了！"小昂尼斯哭着说。

父亲心疼地抱着儿子说："没关系，我不会责怪你。"

昂尼斯低声地说："以后我再也不做实验了。""那怎么行呢？孩子，不做实验怎么获得知识呢？以后小心就是了。"爸爸安慰儿子说。

小昂尼斯很感谢父母的宽容，从此更加努力地学习和钻研。十八岁那年被学校保送到德国去留学，二十五岁获得了格罗宁根大学历史上第一个博士学位。此后他全身心地投入到热力电力与金属关系的研究之中。后来开创超度传导学，轰动了世界。

每一个孩子都会有犯错误的时候，做父母的不能一味地斥责。因为孩子犯错误的原因是多方面的，明知故犯，理应受到批评。但是如果是由于缺少经验或某些客观原因而导致犯错，就不能简单地批评了事。所以，做父母的发现孩子犯了错误，需要冷静地分析孩子为什么会犯错误，帮助孩子找到正确的方法。如果小昂尼斯的父母不是采取宽容的态度，那么这世界上也许就少了一个伟大的物理学家。

大发明家爱迪生原本是一个健康的孩子，从小就喜欢科学，但是由于家里很穷，他只上了三个月小学，就到火车上以卖报纸为生。虽然不去上学，但他特别喜欢做各种实验，他节衣缩食，只要有一点点钱，就去买做实验的工具和药品。他征得列车长的同意，在一节供旅客吸烟的车厢里建了一个简易实验室。有一天，他正忙着做实验，火车突然猛烈震动，实验药品在车厢里燃烧起来。经过大家努力，火虽然被扑灭了，可列车长暴跳如雷，狠狠地打了他一个耳光，这个耳光用力太大了，把他耳膜打穿孔了，从此他的左耳失去了听力。后来有人问过爱迪生：你恨那个列车长吗？爱迪生幽默地说："我感谢他，感谢他给了我一个无人喧嚣的环境，使我能够专心致志地完成更多的实验和发明。"这是多么宽广的胸怀呀！正因为他的宽容大度，他没有沉浸在对列车长的怨恨中，而是潜心完成他的实验，成为世界上最伟大的发明家。

在英国，流传着詹姆斯·乔治·弗雷泽给儿子的一封信，弗雷泽生于1854年，是英国著名的人类学家、宗教历史学家。他出生于苏格兰的格拉斯哥，父亲是一名药剂师。弗雷泽天资聪颖，并且很勤奋，在剑桥大学毕业后，留在母校任教。他一生的大部分时间都用来研究史料文献，由于长期看书，眼睛过度疲劳，1931年他不幸失明。但是他在助手的帮助下仍然在工作，直到1941年5月去世。他去世后，人们这样评价他："将来后代评价我们这一代人的工作时，只要开出詹姆斯·弗雷泽著作的目录来，就足以驳回关于我们无能的指责。"也就是说，弗雷泽的成就足以代表那个时代的最高水平。

弗雷泽在业绩上享有盛誉，在人品上也为人交口称赞，他对人谦和宽容，彬彬有礼，却严于律己。他对自己的后代，同样要求严格。他给儿子的信这样写道：

亲爱的儿子：

在这封信里，我想就你谈到的宽容问题和你交流一下看法，我认为一个人是否有豁达大度的宽容心并非小事。它不但关系到自己的工作、学习乃至自己的生命和健康，而且关系到事业的兴衰与成败。

宽容是对那些在意见、习惯和信仰方面与自己不同的人，表现出耐心和公正态度的一种品质。

敞开心胸接受新观念和新资讯，并非只是为了使自己的个性更有魅力。虽然宽容和机智有着密切的关系，但宽容比机智更难识别。抓住对自己有利的事物，你或许无法学到所接触到的所有新观念，但是你可以研究并尝试去了解它。

无宽容之心，会使原来愿意和你做朋友的人变成敌人。一个人越缺乏宽容之心，就会越封闭自己，因而无法看到多样的社会现象，无法挖掘思想的深层内容。

做有包容心的人，需要胸襟开阔。胸襟是否开阔也是衡量一个人能否成大事的重要标准。胸襟狭小的人，只能看到蝇头小利和眼前的利益；胸襟开阔的人，往往眼光高远，不计小利，以大局为重。

一个人的胸襟如果足够开阔，那么他所做的事情和他的做人原则，一定是很有特点的。做人，就应该养成这种良好品德。

有积极心态的人不会把时间花在一些小事情上，小事情会使人偏离自己本来的主要目标和重要事项。如果一个人对一件无足轻重的小事情做出反应——小题大做的反应——这种偏离就产生了。

一个能够开创一番事业的人，一定是一个心胸开阔的人。人要成大事，就一定要有开阔的胸怀。只有养成了坦然面对、包容人和事的习惯，才会在将来取得事业上的成功与辉煌。

有很多人因为性格孤僻或者没有吸引他人的能力，而导致无缘享受友谊之乐，以致丧失了许多单纯的生命之欢愉，成为孤独、不合群的人，他们曾经发出强烈的呼声："唉！我真希望我能吸引一些朋友；我真希望我能成为一个受人欢迎、为人所乐于接受的人啊！"但是他们不知道要实现这种愿望——结交朋友——其道非难，不过实现之道，唯在自己的包容心，而

单纯的求助于他人是行不通的。

一个只肯为自己打算盘的人，必定到处受人鄙弃。其实，他完全可以将自己化作一块磁石，来吸引愿意吸引的任何人物到他的身旁。只要他能在日常生活中，处处表现出博爱与善意，以及乐于助人、愿意帮忙的态度。

大家都喜欢胸怀宽大的人。假使一个人打算多交些朋友，首先要宽宏大量。应该常去说别人的好话，常去注意别人的好处，不要把别人的坏处放在心上。

如果常常对别人吹毛求疵，对于别人行为上的失误，常常冷嘲热讽——你该留意，这样的人大多是危险的，往往不太可靠。

具有宽大心胸的人，更容易看出他人的好处而非他人的坏处。反之，心胸狭隘的人目光所及都是过失、缺陷甚至罪恶。

轻视与嫉妒他人的人，心胸是狭隘的、不健全的，这种人从来不会看到或承认别人的好处，而胸襟开阔的人，即使憎恨他人时也会竭力发现对方的长处，并以此来包容对方。

有的人遇事想不开，甚至为芝麻粒大的事，也吃不好饭、睡不好觉，自己折磨自己。也有的人觉得谦让是"吃亏""窝囊"，因而在非原则矛盾面前，总以强硬的态度出现，甚至大动干戈，结果非但不能使矛盾缓解，而且丢了自己的人格。因而，每个人都应培养自己"豁达大度"的美德。

多一分宽容，就多一分快乐；多一分宽容，也就多一分真诚。

儿子，在人际交往中，保持宽大的胸怀，全面展现自身的交友素质，这样你就会获得朋友，在人生事业上助你一臂之力。

交友并非一厢情愿，而是相互理解、相互宽容。对方让一分，自己让十分，滴水之恩，当涌泉相报。当然这一点在实际中做起来非常不易，它对人的素质提出了较高的要求，不具备这种素质，或是不能展现自身素质的人，都做不到这一点。对方给予，自己却不能付出，这样当然不会结成好朋友。法国大作家雨果说得好："世界上最宽阔的东西是海洋，比海洋更宽阔的是天空，比天空更宽阔的是人的胸怀。"让我们都来做一个大度能容、和以处众的人吧！

这封家信，充满睿智，弗雷泽在告诉儿子，宽容是人生的美德，处世需要大度。他所谓的宽容，针对的不仅是人，还有事和物，也就是说，我们既要容得下人，也要容得下事，这是关系到自己是否能成就一番事业的根本性问题。

在古希腊，人们常说这样一句话："用热情与宽容赢得朋友。"他们不仅教育孩子要学会宽容，还教育孩子选择高尚的人做朋友。一位哲人说过这样一句话："一种性格是一个人生的开端。"他把一个人的性格看成是决定一个人以后的生活方向和事业成败的决定因素。希腊人认为，仇恨是一个人性格中最大的盲区，因为仇恨是心灵的杀手，但是宽容又是仇恨的杀手。所以，他们教育孩子，忘记仇恨，学会宽容。

在希腊一个小岛上，有一个孩子伊力特，他性格暴躁、爱发怒，经常和小朋友打架。所以小朋友们都不愿意和他玩。一天，妈妈给他讲了海格力斯的故事：

海格力斯是希腊神话中的一位英雄，他英勇无比，没有人能与他相比。慢慢地他变得高傲起来，没有人愿意和他交朋友。

有一天，他走在坎坷不平的山路上，发现脚下有一个袋子很碍眼，无聊的海格力斯试图用脚把它踢到一边去，可是这个袋子不但没被踢走，反而膨胀起来，海格力斯因此非常恼火，就捡起一个棍子用力向这个不断膨胀的袋子打去。可是，这个袋子竟然越来越大，眼看就要挡住山路了。海格力斯恼羞成怒，又没有办法。

这时，从山里走出来一个老者，他对海格力斯说："朋友，这是一个仇恨袋，如果你不能平息自己的愤怒，继续踢打它，它会无止境地膨胀，和你对抗到底。你宽容它吧，离它远远的，它就会慢慢恢复到原来的样子。"海格力斯听到这个老者称他为朋友，想到自己从来没有朋友，为了这一声朋友，海格力斯就听从了老者的建议，平息了心中的怒火。仇恨袋也渐渐地恢复了原来的样子。

伊力特听到这里，问妈妈，"如果我不再对小朋友发火，他们会喜欢我吗？"

妈妈说："那是当然的了，人与人之间难免会产生矛盾，甚至是仇恨，但是只要你忘掉仇恨，宽容你仇恨的人和事，你就会有朋友和快乐。"小伊力特记住了妈妈的话，从此宽容待人，不再和小朋友发火打架，于是，他的朋友渐渐多了起来。

伊力特的妈妈用一个神话故事告诉了孩子，仇恨解决不了问题，只有宽容才能化解仇恨。只要你忘掉仇恨，多一分宽容和仁爱，就多一个朋友。

其实，在中国古代，也有很多宽容大度、以德报怨的精彩故事：

唐代宗大历四年（769）的春天，大将军郭子仪在抵御吐蕃时，监军太监鱼朝恩指使人暗中挖了郭子仪父亲的坟墓，大臣们都担心他会举兵造反，代宗也为这事特地慰问吊唁，郭子仪的几个儿子也说："鱼朝恩欺人太甚，应该给他点颜色看看。"郭子仪哭着说："我长期在外带兵打仗，没能禁止士兵损坏老百姓的坟墓，现在别人挖我父亲的坟墓，这是报应啊！不必怪罪他人。"后来鱼朝恩宴请郭子仪，宰相元载知道后，派人对郭子仪说，"鱼朝恩的宴请对你不利，恐怕要谋杀你。"郭子仪的几个儿子和部下都要求一同前往。郭子仪坚持只带几个随从去，他对儿子说："我是国家的大臣，没有皇帝的命令他们怎么敢动我？"到了宴会上，鱼朝恩见郭子仪只带了几个随从，就问郭子仪："怎么只带这么几个人？"郭子仪就把大家的担忧告诉了鱼朝恩，鱼朝恩感动得流泪说："若非您是长者，能不起疑心吗？"事后，儿子们都很佩服父亲的胸怀。

郭子仪可谓虚怀若谷。在古代，挖人坟墓，是对主人最大的侮辱，等于是断人

家香火，是古人最忌讳的事，然而郭子仪居然能以自己的士兵偶尔也会损坏老百姓的坟墓来宽慰自己，容忍他人，并且还能赴鱼朝恩的宴请，这是鱼朝恩万万没想到的。实际他是想激怒郭子仪，好以此为理由弹劾他。结果由于郭子仪的大度宽容，鱼朝恩感动不已，也就打消了诬陷郭子仪的想法。

郭子仪凭着自己的宽容给儿子们做出了榜样。正如犹太人所说："宽容自己的敌人，才是道德修养的最高境界。"

### 郭子仪恳辞尚书令

广德二年（764）十二月，唐代宗任命郭子仪为尚书令，郭子仪恳辞不受。代宗又命五百骑兵持戟护卫，催促他到官署就职，郭子仪仍不肯接受任命，上奏道："太宗皇帝曾任此职，因此历代皇帝都不任命，皇太子任雍王，平定关东，才授此官，怎能偏爱我，违背重要规定？而且平叛以后，冒领赏赐的人很多，甚至一人兼任几职，贪图升官，不顾廉耻。现在叛贼基本平定，正是端正法纪审查官员的时机，应从我开始。"代宗皇帝无奈，只得应允，并将他辞谢的事迹交给史官，命令史官将其记入国史。

还有宋代宰相吕蒙正，做副宰相时，有一天，上朝时别人骂了他，他没有理会，也没去追究。很多人为他鸣不平，但他却说："如果我去追究了，我知道是谁骂我了，我就会恨他；不追究，我不知道是谁，慢慢我就淡忘了。"大家都被他的宽容所感动，从此他名声大振，成为一代名臣。他的胸怀，正应了古语"宰相肚里能撑船"。

在古代的很多家书家训中，都把宽容忍让作为一项重要内容，如《袁氏世范》，其中有一章"居家贵宽容"：

"自古人伦，贤否相杂。或父子不能皆贤，或兄弟不能皆令，或夫流荡，或妻悍暴，少有一家之中无此患者，虽圣贤亦无如之何。譬如身有疮痍疣赘，虽甚可恶，不可决去，惟当宽怀处之。能知此理，则胸中泰然矣。古人所以谓父子、兄弟、夫妇之间人所难言者如此。"

这一段话是说：自古以来的人伦关系，贤达和不肖混在一起。有的父子并不是品德贤达的人，有的兄弟也不可能做得事事完美，有的丈夫恣意放荡，有的妻子骄悍粗暴。很少有一家中能免除所有遗憾而尽善尽美的，即使圣贤之家也是难免。就像身上长了脓疽疮痛，虽然很恶心，却不能一下子剜掉，只能用善良和耐心来对待。如果能明白这个道理，那么对待这些事就会非常坦然。古人所谓父子、兄弟、夫妇之间难以言说的无非就是这些事情。

人的缺点有如生长于身上的疥疮一样，虽然深恶痛绝，却无法去除它。在家庭中也是一样，"金无足赤，人无完人"，如果彼此不能够容忍对方的缺点，就会使家庭不睦。所以，凡事以宽容之心相待，以忍耐之心处之，以吃亏是福之心自慰，很多看似无法调和的矛盾都可以化解。黄金有价，情义无价，无论是父子、兄弟、夫妻，还是婆媳、姑嫂，都需要彼此的宽容。能够设身处地为对方着想，从对方的角度去看待他所做的一切，就不易发生误会，坦诚相待，也不易出现情感危机。

《袁氏世范》还有一章，谈到"严律己宽待人"：

忠、信、笃、敬，先存其在己者，然后望其在人。如在己者未尽，而以责人，人亦以此责我矣。今世之人能自省其忠、信、笃、敬者盖寡，能责人以忠、信、笃、敬者皆然也。虽然，在我者既尽，在人者也不必深责。今有人能尽其在我者固善矣，乃欲责人之似己，一或不满吾意，则疾之已甚，亦非有容德者，只益贻怨于人耳。

这一段话的意思是：忠诚、诚信、厚道、恭敬，这些品德只有自身具备了，才能要求别人也具有。如果自己在为人处世、待人接物还没有达到这种境界，却去苛求别人，别人便也会以此来责怪你了。现在，能自我反省是否忠诚、有信、厚道、恭敬的人，已经很少了，而以此来要求别人的却比比皆是。其实，即使自己在待人接物时做到了这些，也不必强求别人一定要做到。现在有的人能够在待人接物中做得很不错，可是，他想要别人也都与他一样，一时不称他的心，就毫不客气地责备人家。这种人缺失的是容人之德，很容易与人结怨。

"严己宽人"是自古以来贤达之人的美德，也是社会和谐的重要因素。真正有修养、有品格的人，普遍都具有包容之心，宽容别人的不足，严格要求自己。

宽容大度，是世界公认的一种品德修养，对孩子的成长非常重要，在教育孩子的过程中应引起足够的重视。心胸宽广能使孩子更好地接纳新事物，学习新东西。还会使孩子养成乐观、开朗的性格。所以，在学识、性格和人际关系方面，宽容的孩子会有更多收获。

## 八、知礼

中国素有礼仪之邦之称，知礼懂礼，也是中国传统家教中比较重要的内容。早在两千多年前，孔子就反复强调礼的重要性，孔子曰："礼，民之所由生，礼为大。非礼无以节事天地之神也；非礼无以辨君臣、上下、长幼之位也；非礼无以别男女、父子、兄弟之亲、婚姻、疏数之交焉。"意思是说：在民众的生活中，礼是最重要的。没有礼，就不能有节制地侍奉天地神灵；没有礼，就无法区别君臣、上下、长幼的地位，没有礼，就不能分别男女、父子、兄弟的亲情关系以及婚姻亲族交往的亲疏远近。所以，他要求学生和他的儿子"非礼勿视，非礼勿听，非礼勿言，非礼勿动"。并且还教育他的儿子"不学诗，无以言；不学礼，无以立"。孔子把"礼"看作是提高自身修养的重要手段，不学礼，无法在社会上立足。当然，孔子讲的礼，与我们现在所强调的礼，已经有所不同。孔子生活的年代正是礼崩乐坏的社会变迁时期，他要维护和继承周以来的古乐传统，所以，他强调的是恢复和遵循周代的古礼。他认为，礼乐制度的基本价值在于鲜明的等级，规定出大义名分，并以此来规范人们的饮食起居等各种日常言行。从历史的发展来看，孔子的心态未免保守，但是，他所向往的古礼自有其古朴典雅之处，很多内容还是值得我们借鉴的。

我们今天所理解的礼仪规范，更多的是针对人的文明修养而提出的，作为一个社会公民所应该具备的基本品德素养和文明行为。应该是与当代社会主义核心价值观相吻合的，即讲文明、懂礼貌；讲节制、懂礼节等。

在古代的家规家书中，都不乏此训，如《颜氏家训·教子篇三》：

古者，圣王有胎教之法，怀子三月，出居别宫，目不邪视，耳不妄听，音声滋味，以礼节之。书之玉版，藏诸金匮，生子咳提，师保固明，孝仁礼义，导习之矣。凡庶纵不能尔，当及婴稚，识人颜色，知人喜怒，便加教诲，使为则为，使止则止。比及数岁，可省笞罚。

意思是说：古时候的圣王就有"胎教"的做法，王后怀太子到三个月的时候，就要住到专门的房间，不该看的不看，不该听的不听，音乐、饮食都按照礼的要求来制定。这种胎教方法，都写在玉牒上，藏在金柜里。太子两三岁时，老师就确定好了，开始对他进行孝、仁、礼、义的教育和训练。普通人家即使做不到这样，也应该在孩子知道辨认大人的脸色、明白大人喜怒的时候，开始进行教育，教他去做就做，教他停止就停止。这样，他长大了，就不会被处罚了。

颜之推倡导家教从胎教开始，礼仪教育也包含其中。对普通百姓来说，懂得礼仪，就是懂得自己的言行规范。

袁采的《袁氏世范》中有一章"处己，人之所欲，应遵礼义"中说：

饮食，人之所欲，而不可无也，非理求之，则为饕为馋；男女，人之所欲，而不可无也，非理狎之，则为奸为淫；财物，人之所欲也，而不可无也。非理得之，则为盗为贼。人惟纵欲，则争端起而狱讼兴。圣王虑其如此，故制为礼，以节人之饮食、男女；制为义，以限人之取也。

袁采的意思是说，饮食是人的自然欲望，不能没有；但是如果不合道理地去追求它，就是贪吃；男女之事，是人本能的欲求，也是不可少的，但是如果用不正当的手段去满足需求，就是奸淫；财物，每一个人都想获取，如果靠非法手段获取，就成了盗贼；人如果是一味地放纵自己的欲望，就会引起争端，并且免不了缠上官司。古代圣王想到了这个问题，因此制定了礼仪，对这些加以限制。袁采在这里明确指出礼仪是限制人们各种欲望的基本准则。他深知，人们对饮食与男女之事的欲求，是人的本能。孟子早就说过："食色，性也。"但是，放纵这些行为，或者通过不正当的手段来满足这些欲望，那就会做出非法的事情来。封建的君主专制社会与现代的法制社会有根本的区别，但是人的欲望是相同的，同样都需要由社会的道德标准来约束，人们对各种欲望的追求都必须符合这种规范，否则就会遭到谴责和惩罚。

宋代司马光在《温公家范·子篇》中所引用的《礼》的内容："子事父母，鸡初鸣而起，左右佩服，以适父母之所。及所，下气怡声，问衣燠寒，疾痛苛痒，而敬抑搔之。出入则或先或后，而敬扶持之。进盥，少者奉盘，长者奉水，请沃盥，盥卒，受巾。问所欲而敬进之，柔色以温之。父母之命，勿逆勿怠。"便是将侍奉父母与各种礼节联系起来，对父母所做的一切行为都要符合礼的规范。

在《论语》里，孔子也说："色难者，观父母之志趣，不待发言而后顺之者也。父母有过，下气怡色，柔声以谏，又敬不违，劳而不怨。"

这是孔子的弟子子夏和孔子的一段对话，子夏问孔子孝道，孔子说："色难，有事，弟子服其劳；有酒食，先生馔，曾是以为孝乎？"孔子的意思是说，作为子女，最不容易的就是对父母和颜悦色，仅仅是有了事情，儿女需要替父母去做，有了酒饭，让父母吃，难道这样就可以算是孝了吗？司马光借此发挥，他说不仅要对父母和颜悦色，而且还要知道父母的意愿是什么，要迎合父母的喜好，顺应父母的心愿。

《论语》中还说：即使父母有过错，也要气色和悦，态度恭顺。委婉地进行劝谏，即使父母不接受你的劝谏，也仍然要恭敬地侍奉他们，不要有怨言。

这些都是在讲子女对待父母应该具备的礼节。中国古代，是封建君主专制的社会，没有法律法规，只有适合封建统治的礼义规

范，维护社会稳定需要用道德的力量来限制人们的行为。所以，封建礼仪就是当时人们要遵守的行为规范。

> 《论语》是儒家经典之一，是一部以记言为主的语录体散文集，集中体现了孔子的政治、审美、道德伦理和功利等价值思想。它的内容涉及政治、教育、文学、哲学以及立身处世的道理等多方面。早在春秋后期孔子设坛讲学时，其主体内容就已初始创成；孔子去世以后，他的弟子和再传弟子代代传授他的言论，并逐渐将这些口头记诵的语录言行记录下来，因此称为"论"；《论语》主要记载孔子及其弟子的言行，因此称为"语"。现存《论语》20篇，492章，其中记录孔子与弟子及时人谈论之语约444章，记孔门弟子相互谈论之语48章。

宋代朱熹的《蒙童须知》第二条"语言不趋"中说道：

凡为人子弟，须是常低声下气，语言详缓，不可高言喧闹，浮言戏笑。父兄长上有所教督，但当低首听受，不可妄大议论。长上检责，或有过误，不可便自分解，姑且隐默。久，却徐徐细意条陈云，此事恐是如此，向者当是偶尔遗忘。或曰，当是偶尔思省未至。若尔，则无伤忤，事理自明。至于朋友分上，亦当如此。……凡行步趋跄，须是端正，不可疾走跳踯。若父母长上有所唤召，却当疾走而前，不可舒缓。

这是朱熹针对孩子文明礼貌和修养提出来的要求：与人交流，要态度谦和，说话语气舒缓，"不可高言喧闹，浮言戏笑"。对待父母兄长的教导，"但当低首听受，不可妄大议论"。即便批评错了，也不应该马上辩解，等过了一段时间，再慢慢细心地陈述："这件事恐怕是这样，先前可能是忘记了。"或者说："当时是偶然没有想到吧？"

与人交往，态度谦和，是一种修养；不大声喧哗嬉闹，这是一种文明。缄默不言听从长辈或老师的教诲，这是对长辈的尊敬，听得进不同批评和教导，是一种涵养。在朱熹看来，这些都是儿童应该养成的文明习惯，同时也是一种品德。

随着时代的变迁和文明的进步，我们所认知的礼仪，从内容到形式都发生了巨大的变化。现代人所讲的重礼、知礼主要是指讲礼貌，懂礼节，讲文明，有修养；包括遵守法律法规和一些自觉的文明行为。

比如敬老爱幼，乐于助人，如最简单的坐公交车，主动给老弱病残者让座；对帮助过你的人道一声"谢谢"；与别人交流，用"您"称呼对方；学会使用敬辞"请"，等等，都表现了对他人的尊重和诚挚的感情，给人以亲切、温暖和愉快的感觉。

作为现代青少年，养成文明礼貌的习惯是非常重要的，礼貌也是人们共同遵守的一种行为规范和道德准则。对家长而言，孩子的礼仪教育应该从娃娃抓起。

在韩国，礼仪教育被放在了第一位。在家里，妈妈会不失时机地对孩子进行训练。当孩子开始学会说话，妈妈就教他学习向别人问好。如见到年长的人，孩子会主动问候"爷爷好""奶奶好"等，妈妈也非常注意以身作则。在家里，家人的互相交流和打招呼，都是使用敬语"您"，"谢谢"更是频繁用语。比如，孩子给妈妈端来一杯水，妈妈就会真诚地说一声"谢谢"。妈妈把玩具收走了，会礼貌地对孩子说："对不起，为了不影响你学习，我把你的玩具收走了。"在家庭中耳濡目染，孩子渐渐地养成了文明礼貌的好习惯。

英国杰出戏剧作家乔治·萧伯纳说："没有好的礼仪，人类社会将变得让人无法接受。"在德国和英国，人们把礼仪训练作为一门重要的课程，他们要把所有的孩子培养成"绅士"或者"淑女"。

在德国家庭中，父母让孩子帮忙都会客气地同孩子说话，比如"请你帮我抬一下桌子好吗？"他们从不用生硬的命令式的语言。孩子做完事，父母都会说一声"谢谢"。父母使用了"请"和"谢谢"与孩子对话，看起来似乎很简单，但是对孩子来说，体现的是父母对孩子的尊重，给孩子带来的是自信和愉快。由此也影响到孩子，学会了尊重所有人。

家里来了客人，六岁的小汤姆没有使用礼貌用语。妈妈看在眼里，没有在外人面前批评孩子，而是等客人走了以后，对小汤姆说："汤姆，刚才叔叔送你礼物时，你应该说'谢谢叔叔'。"小汤姆忽有所悟，对妈妈说："哦，我忘记了，对不起妈妈！我下次会注意的。"

妈妈知道当着客人的面指责孩子会使孩子的自尊心受挫伤，造成孩子的逆反心理，而且也是不礼貌的。事后的教育，既给孩子保留了面子，又使孩子认识到了自己的错误，愉快地接受了批评，妈妈的教育达到了效果。

理解他人，善解人意，也是一种礼节。

美国著名批判现实主义文学的奠基人马克·吐温，从小就聪慧幽默，但是也很顽皮，爱捉弄人。他家里雇了一个小佣人桑迪，给家里做一些零活，也陪伴马克·吐温。有一天，桑迪放下了手中的活儿，一个人跑到树下，望着远方，呆呆地坐着。马克·吐温以为他要偷懒，就悄悄地走到他的身后，想捉弄他一下。这时母亲意识到了马克·吐温要干什么，就把儿子叫到一边，悄悄地对儿子说："你知道吗？桑迪的父亲去世了，现在他成了孤儿，多么可怜的孩子，他一定是想他父亲了。对这样的孩子，我们应该同情他，而不应该捉弄他。"听了妈妈的话，马克·吐温放弃了捉弄桑迪的想法。

从那天以后，马克·吐温开始关心桑迪，每天陪着他，哄他开心。在马克·吐温和母亲的关心和理解下，很快，桑迪就从悲痛中走出来，又恢复到往常那样开朗快乐。

妈妈看到桑迪的样子，高兴地对马克·吐温说："桑迪是一个坚强的孩子，我们给予他的关心和理解，帮助他尽快摆脱了失去亲人的悲痛。所以，孩子，你要学会理解人、尊重人，这也是为人处世的礼节和修养呀！"

马克·吐温细细地品味着母亲的话，慢慢地明白了其中的道理。母亲的话，对他日后成长起了重要作用。

中国老一辈无产阶级革命家谢觉哉教子知礼的故事也很值得我们学习。儿子谢飘要到东北去上学，临行前，谢飘走到父亲面前，对父亲说："爸爸，我从小和你们生活在一起，什么都听您的，马上我就要自己一个人在外面生活，心里有些没底，怎么和同学相处呀？"

爸爸明白儿子的意思，也理解儿子的心情，于是他语重心长地对儿子说："做儿女的不可能一辈子都守在父母身边，即将离开家，心里没底是正常的。平时教你的礼数在外面就都用得上了。到学校去，有一点必须记住：孔子说了，三人行，必有我师。你要尊敬老师和同学，把他们当成你的良师益友，向他们学习，不断提高自己。另外，别人的话，正确的汲取，不正确的，不可以当面与人争论，这是礼貌。"

谢飘听从了父亲的话，在学校里和同学老师交往非常知礼，相处得非常好，学习上也提高得很快，得到了老师和同学的赞誉。

我国近代著名的画家、文学家丰子恺先生的儿子丰陈宝，小时候特别怕见到生人，有时候家里来客人他就急忙躲开了，显得不太有礼貌。丰子恺就在想，如何纠正他的毛病呢？

有一次，丰子恺到上海的一家书店去处理一部书稿的问题，他把儿子陈宝带去了，当时陈宝只有十三岁，但是已经能帮助爸爸做抄写文字的工作了。一天，来了一个客人，与丰子恺谈完事告辞

时，和陈宝打了一个招呼，陈宝一下子不知如何是好。客人走后，就此事，爸爸耐心地告诉陈宝，见到客人，要主动向客人问好。如果是家里来客人，要热情接待，以礼待人。为客人端茶、添饭，一定要双手捧上。如果只用一只手，那对客人就不够尊敬了，就好像皇上对待臣子的赏赐，又像是对乞丐的布施，是不恭敬的。如果客人送你礼物，一定要躬身双手接过来，并表示感谢。

父亲的话，陈宝都一一记在心里，后来家里再来客人，陈宝就按照爸爸说的去做，渐渐地不再怕见人了，还经常得到客人的夸奖。

谢觉哉和丰子恺对孩子的教育是从日常生活小事开始，看起来似乎无关紧要，其实正是这一点一滴的小事，才是表达感情和行为习惯的具体体现，它包含了对人的礼貌、尊敬与友爱。据说早在古希腊战争年代，双方为了友好不再打仗，都把盔甲、面罩取了下来，以后为了表示友好，就采用推开盔甲、面罩的动作，就成为今天我们见到的举手礼；除了敬礼之外，为了表示不再争斗，把手伸开，表示手中没有武器，就演变成了今天的见面互相握手的礼节。

日常的生活小事，常常被家长忽略，殊不知就是在这些小事中才可窥见一个人的内心世界，反映出一个人的品德修养的高低。在日常小事中不注意培养孩子的文明行为，不懂得理解别人，孩子长大以后，可能就会在思想上出毛病，也难以在社会上立足。

中国的礼仪文化，其内涵丰富精深、底蕴深厚。"孝悌、仁义、恭谨、谦让"等，都可以纳入礼的范畴。虽然有些行为规范已经超越了"礼"的范围，有些因与封建等级制度紧密联系而被人们淘汰，但是其中很多内容对于今人的为人处世和文明行为的培养，仍具有一定的指导意义，作为一种文化，它具有不朽的价值。

## 九、仁爱

仁爱，是一个人的优良品质，有仁爱之心的人，一定是善良的人，是乐于助人的人。在我国现代家庭中，自从孩子降生开始，父母就给了孩子足够的爱，从生活到成长，父母竭尽所能，愿意为孩子付出一切。希望孩子长大以后能出人头地，对父母的付出有所回报。可是有些孩子成人后却让父母失望。其原因就在于父母在对孩子倾注爱心的时候，却忘了对孩子进行仁爱教育。我们的孩子在家庭里得到的爱，有时是不正常的，是溺爱。孩子在家庭里被爱包围着，慢慢地就形成了以自我为中心的意识，在家里的地位越高，这种意识就越强烈。只知道关心自己，只顾自己的快乐，而不知道去爱别人，不会去关心别人的快乐与痛苦，缺少对别人的同情心。这样的孩子长大以后是很难融入社会的。苏联著名教育家马卡连科曾说："父母对自己的子女爱不够，子女就会感到痛苦，但是，过分的溺爱，虽然是一种伟大的情感，却会让子女遭到毁灭。"现实中，曾经发生的毒死自己同学、用硫酸泼熊、虐猫等恶性事件，都是由于缺少同情心所致。所以，在给予孩子爱的同时，对孩子进行仁爱教育，在生活中培养孩子的同情心，非常必要。

其实，仁爱教育古已有之，孔子所追求的仁政，其核心就是"爱人"。《论语·里仁篇》："唯仁者能好人，能恶人。"意思是说，只有懂得仁德的人，才能明善恶，知道喜欢什么人，厌恶什么人。孔子认为，不仁的人不能忍受艰苦，也就难于安居乐业。因此，孔子对他的学生，努力培养他们的仁德之心，要求学生"以仁为本"，在孔子看来，追求仁德之心，是做人的起码要求，每个人都应该"苟至于仁"。

在中国古代的家书家训中，爱心教育多次被提及。

《颜氏家训·治家篇》："裴子野有疏亲故属饥寒不能自济者，皆收养之。家素清贫，时逢水旱，二石米为薄粥，仅得遍焉，躬自同之，常无厌色。"

这是颜之推在《颜氏家训》中的讲的一个故事，用来教育后代，治家不能悭吝，要有爱心。是说南朝大臣裴子野有远亲故旧、饥寒交迫无法生存的，都收养下来。家里一向清贫，有时遇上水旱灾害，用二石米煮成稀粥，让大家都吃上饭，自己也和大家一起吃，从没有间断。

钱镠在《钱氏家训》中提倡："恤寡矜孤，敬老怀幼。救灾周急，排难解纷。修桥路以利人行，造河船以济众渡。兴启蒙之义塾，设积谷之社仓。私见尽要铲除，公益概行提倡。"

钱镠告诉后代，要有仁爱之心，多做利于百姓的事，如体恤寡妇，怜惜孤儿，尊敬老人，关心小孩。救济受灾的人们，施援急需的状况，为他人排除危难，化解矛盾纠纷。架桥铺路方便人们通行，遇河造船帮助人们渡过。兴办启蒙教育的免费学校，建立存贮粮食以救饥荒的民间粮仓。要剔除个人的全部成见，倡导和践行公众利益事业。

### 钱镠与《钱氏家训》

吴越武肃王钱镠是吴越开国国君。钱镠在位期间，采取保境安民的政策，经济繁荣，渔盐桑蚕之利甲于江南；文士荟萃，人才济济，文艺也著称于世。他曾征用民工，修建钱塘江捍海石塘。在太湖流域，普造堰闸，以时蓄洪，不畏旱涝，并建立水网圩区的维修制度，由是田塘众多，土地膏腴，两浙百姓都称其为"海龙王"。

根据先祖武肃王"八训"和"遗训"，钱镠总结归纳了《钱氏家训》。《钱氏家训》以儒家"修身、齐家、治国、平天下"的道德理想为据，内容涵盖个人、家庭、社会和国家四个方面，对子孙立身处世、持家治业的思想行为做了全面的规范和教诲。

清代名臣曾国藩在他临终的遗训中更是给子孙后代留下了令人唏嘘的嘱托：

求仁则人悦。凡人之生，皆得天地之理以成性，得天地之气以成形，我与民物，其大本乃同出一源。若但知私己而不知仁民爱物，是于大本一源之道已悖而失之矣。至于尊官厚禄，高居人上，则有拯民溺救民饥之责。读书学古，粗知大义，即有觉后知觉后觉之责。孔门教人，莫大于求仁，而其最初者，莫要于欲立立人、欲达达人数语。立人达人之人有不悦而归之者乎？

意思是说，讲究仁爱就能使人心悦诚服。天下所有人的生命，都是得到了天地的机理才成就了他的品性，都是得到了天地的气息才成就了他的形象，我和普通老百姓相比，其实都是一样的。假如我只顾自私自利而不顾对老百姓的仁爱和对万物的怜惜，那么就是违背并丧失了生命的意义。至于享有丰厚俸禄的尊贵的官位，地位崇高凌驾于众人之上，就应该承担起拯救老百姓于水深火热和饥寒交迫之中的责任。读古书学习先人的思想，大概知道了古书中的意思，就应该有让后来人领悟先圣正确思想的责任。孔门儒学教育子弟，没有不要求子弟讲究仁爱的，而讲究仁爱最基本的，就是要在成就自己之前，先成就他人；在自己富贵之前，先让他人富贵。能

郑板桥的《幽兰图》

够成就他人、让他人富贵的人，哪会有不心悦诚服而不归顺于他的人呢？

郑板桥在给他的弟弟家信《潍县署中与舍弟墨第三书》中说：

吾儿六岁，年最小，其同学长者当称为某先生，次亦称为某兄，不得直呼其名。纸笔墨砚，吾家所有，宜不时散给诸众同学。每见贫家之子，寡妇之儿，求十数钱，买川连纸钉仿字簿，而十日不得者，当察其故而无意中与之。至阴雨不能即归，辄留饭；薄暮，以旧鞋与穿而去。彼父母之爱子，虽无佳好衣服，必制新鞋袜来上学堂，一遭泥泞，复制为难矣。

这段书信的内容是这样的：我的儿子现在六岁，在同学中年龄最小，对同学中年龄较大的，应当教孩子称他某先生，稍小一点的也要称为某兄，不得直呼其名。笔墨纸砚一类文具，只要我家有，便应不时分发给别的同学。每当看到贫寒家庭或寡妇的孩子，需要十几个钱，用来买川连纸订成写字本，十天都还没能做到的，应当仔细了解这件事的缘故，并悄悄地帮助他们。如果遇到雨天不能马上回家，就挽留他们吃饭；如果已到傍晚，要把家中旧鞋拿出来让他们穿上回家。因为他们的父母疼爱孩子，虽然穿不起好衣服，但是一定做了新鞋新袜让他们穿上上学，遇到雨天，道路泥泞不堪，鞋袜弄脏，再做新的就非常不容易了。

这些家训家书，出自于不同身份地位的人和家庭，其家庭状况不尽相同，但是他们有一个共同的特点，就是把仁爱教育放在教育子孙的重要地位。他们对子女进行仁爱教育，并不是因为家里有钱，而是充分认识到了仁爱之心对一个人生存的重要意义，爱的教育是生命教育，有了爱心，生命才有了价值。爱心不仅是一个人的品质问题，也是一个人的社会融洽能力和交往能力的体现，是培养孩子健全人格和崇高境界的体现。

这些家书家训已经成为中国传统文化的重要内容，滋养了无数后人的心灵。

拥有仁爱之心，也是全人类都应该拥有的品德。

恩格斯小的时候就富有同情心，特别关心那些穷困的小伙伴。有一段时间，恩格斯每天上学前，都把早点包起来，趁妈妈不注意，放到书包里，就去上学了。

中午放学后，恩格斯一进家门就喊"妈妈，我饿。有吃的吗？"妈妈赶紧把午饭端出来给儿子吃。谁知，儿子吃了两份。母亲问："你早上不是吃过早点了吗？""是啊，妈妈。"恩格斯回答说。"那你为什么还饿呢？""我也不知道。"恩格斯漫不经心地说。

一连几天，小恩格斯每天中午都喊饿。而且吃得还多，这引起了母亲的担心。她想：孩子突然贪吃起来，是不是患了什么病？于是便拉着儿子到医院做了检查，可是一切正常。母亲还是不放心，就强迫儿子在家休息几天。

恩格斯说："妈妈，我的功课会耽误的，让我的同学克林斯曼来给我补课吧！""那好吧！"母亲同意了恩格斯的请求。

到了放学时间，克林斯曼准时来给恩格斯补课，但是每次补完课，恩格斯都从桌子底下拿出一包东西给同学带走，母亲觉得很奇怪，就向恩格斯要过来纸包，打开一看，里面是面包和点心，恩格斯不好意思地说:"妈妈,对不起,这是我给同学约尼尔的。最近她爸爸失业了,家里没有收入,约尼尔经常吃不上饭。"

"噢,是这样啊!可怜的约尼尔!儿子,你这样做,说明你有爱心,知道同情和帮助别人,做得很对。只是不应该瞒着妈妈。你告诉我,我就不会让你饿肚子了。"小恩格斯红着脸说:"妈妈我错了,以后我什么事都不会瞒着妈妈了。"

从那以后,妈妈每天都给恩格斯准备两份早点,让他带到学校去给约尼尔。

妈妈的支持和鼓励,使小恩格斯很开心,他从此认识到了同情别人的不幸、帮助别人是一个善良的人应该有的举动,也是一个人应该具有的品质。这对恩格斯以后成为杰出的革命家和社会活动家打下了很好的思想基础。

诺贝尔物理学奖得主、德裔英国物理学家马克思·波恩,小的时候特别喜欢玩战争游戏。他常常和表弟一起用积木搭建城池,设置军队,双方开始"打仗"。他们模仿战争的情景,嘴里不断地喊叫。

玩了几次,他与表弟又觉得不过瘾,认为这些都是玩具,缺少真实感。于是他们又买来火药,来代替炸弹和枪炮,攻击对方。波恩又用电石汽灯照明,使他们的"游戏"更加逼真。

波恩为他的"战绩"而得意,他开始向爸爸炫耀他们的"战争"成果。不料,爸爸听了,表情马上严肃起来,他给波恩讲了一个故事:那是第一次世界大战期间,爸爸作为军医,跟随部队上了战场。他们每天都要在战火中抢救伤员,那些负伤的战士一个个血淋淋的,有的失去了腿,有的失去了手,有很多人昏迷不醒,还有很多人献出了生命。爸爸的一个朋友，刚刚结婚，就在战场上牺牲了。

听到这里，波恩似乎明白了什么。从爸爸的亲身经历中，他体会到了战争的残酷，以及和平生活的可贵。于是他跑了出去，动手把自己搭建的城池全都拆掉了，把自己的那些"武器"也都扔掉了。从此，他再也没有玩过战争的游戏，而是用心学习了。

波恩的转变，说明仁爱心之是需要父母去培养的，对孩子来说，战争游戏具有刺激性，能极大地激发他们的兴趣。但是战争却是对人类生命的残害，给人们带来的是灾难。这些，就需要家长告诉孩子，教育孩子要明白战争的真相，要热爱和平，热爱生命。特别是现在电子游戏行业发展迅猛，很多游戏具有血腥、暴力的内容，对一些还不明白战争意义的孩子来说，玩这类游戏是以对方的死亡和痛苦来换取自己快乐的一种方式。时间长了，只能使孩子变得冷漠无情，对于这些，家长是有必要进行正确引导的。

## 第二章 励志篇

天行健，君子以自强不息。——《周易》

## 一、自立

著名教育家陶行知先生曾说:"自立是儿童之自我向社会化道路发展的重要推动力,更为儿童心理正常发展的必需。一个不能获得这种正常发展的儿童,终其一生,可能只是一个悲剧。"

孩子永远都处于社会的竞争之中,所以,教育孩子自立自强,使之具有在社会上立足的能力,非常必要。

卡耐基有一句名言:"为了成功地生活,少年必须学习自立。铲除埋伏在各处的障碍,家庭要教养他,使他具有为人所认可的独立人格。"

美国人非常重视对孩子自立能力的培养,他们的教育方法是:"自立,从吃饭开始。"孩子上小学一年级,美国人就训练孩子的自立能力。先从吃饭开始,孩子中午饭在学校吃,至于吃什么,能不能吃饱,喜不喜欢吃,家长一概不问。即便在家里,餐桌上,家长可以提示孩子,什么东西营养丰富,应该多吃一点,但是孩子如果不爱吃,家长绝不强迫。而且吃饱了立刻下桌。在教育孩子吃饭这件事上的态度和做法,体现了美国儿童教育学的一个核心目标——培养孩子独立的思维能力与生活能力。美国的父母相信,孩子的生活是他们自己的生活,无论是现在还是将来,孩子必须过自己独立的生活,因此,必须尽早培养他们独立生活的能力。一日三餐,饭桌上给孩子的教育最为深刻:如果孩子贪玩,不好好吃饭,没吃饱饭就去玩耍，那么，玩一会儿饿了想要东西吃，家长也绝不再给做饭吃，必须等下一顿开饭。而孩子挨饿了，就不会重犯这样的错误。父母在饭桌上的教育，是对孩子思想意识和行为培养的较好的机会，是在训练和培养孩子独立判断力和独立意志，树立他们的自信与自尊。

美国的家长还常常鼓励孩子自己去挣一些零用钱。比如推销一些小商品，打一些零工，做一些有偿的家务劳动，来积攒一些自己所需的经费，像夏令营费用、班费，还有一些公益捐款等。美国父母认为，孩子的自主意识和社会责任感也需要从小训练和培养，这些课堂上是学不到的。因此美国父母很注重平时的训练和鼓励。孩子到了大学，家长就鼓励孩子自己去挣学费。即使是非常富裕的家庭，父母也不会给孩子留很多钱。

美国有个建筑业的巨头约瑟夫·雅各布斯，一天晚上，他把妻子和三个女儿都叫到客厅里，就自己的巨额财产问题和她们进行了一番谈话。

约瑟夫对三个女儿说："我很爱你们，所以我决定不给你们很多钱。"然后他给孩子们讲了人生的道理，教导孩子要学会自立，要通过自己的奋斗去获取人生的财富。他所讲的道理得到女儿们的理解和赞同，于是他签字把自己大部分的财产捐献给慈善事业，只给每个女儿100万元——这是他的财产里非常小的一部分。

约瑟夫之所以这么做，是因为他认为父母如果溺爱孩子，那是他一生中做得最糟糕的事。他觉得应该让孩子对金钱树立正确的观念，如果她们获得了巨额财产，那么就可以不劳动而过着奢侈的生活，那无疑是把孩子推向了堕落的深渊。孩子因为体会不到挣钱的艰苦，就无法控制自己的贪婪，从而成为金钱的奴隶。一旦某一天没有钱了，就有可能受人控制，走向堕落。

美国许多富翁都有相似的做法，比尔·盖茨对待孩子，就是一个"吝啬鬼"，他说，"再富也不能富孩子"。

犹太人认为，小孩一岁时就有了自立意识的萌芽，他们什么都喜欢自己动手。稍大一点他们就会自己穿衣服、吃饭等。当孩子想自己做事时，千万不要泼冷水，怕孩子做不好，而要予以支持和鼓励。他们认为：孩子如果总是依赖别人，那么一生将始终与贫困和低声下气为伴。孩子有了自己的能力和地位后，与家人和社会的沟通才会变得更容易，才更能适应周围环境的变化。

美国著名小说家海明威，1954年获得诺贝尔文学奖。他的代表作《老人与海》在海内外家喻户晓。海明威的父亲克拉伦斯·艾德家兹·海明威是一位医生，喜欢钓鱼和打猎。他们家住在美国北部印第安人居住的密歇根湖畔，一个风景秀丽的地方。父亲在闲暇之余，常常带着小海明威去钓鱼和打猎。父亲去出诊，小海明威也跟在爸爸的后面，出诊结束后，两人就在山野间玩耍。

在海明威四岁那一年，他又要跟着爸爸一起去出诊，可是，这一次，父亲拒绝了他。海明威不明白爸爸为什么不让他跟着，委屈地问："爸爸，难道我做错了什么吗？"爸爸摸着他的小脑袋，严肃地说："孩子，你没做错什么，爸爸只是希望你不要总跟着我，你

老年的海明威

要自己独立活动,这样对你是有好处的。"说完,他给了海明威一根鱼竿,鼓励他说:"从现在起你就大胆地自己去玩吧!"

从此,海明威自己一个人在山林与水边自由自在地玩耍,很快,就迷恋上了钓鱼、打猎、探险等户外活动。大自然锻炼了他独立的意志和胆识,这对他日后的成长有很大帮助。

海明威的父亲认为,孩子自立能力的培养应该尽早进行。家长应该早早地给孩子创造机会,让他们经受锻炼。

居里夫人不仅是一名科学家,更是一位伟大的母亲,两个女儿在她的教育下,都很优秀。她有一封给女儿的信,表现了她的教育理念和处世态度,即"自信自立,无愧于天地"。她在信中说:

居里夫人和丈夫

一个人不仅要自信,更重要的是要自立。成功学的导师们认为,只有丢开拐杖,破釜沉舟,依靠自己,才能赢得成功之门的钥匙,并通向最后的胜利。

自立也是力量的源泉。每一个正常人都能够过一种独立和自立的生活,但是很少有人能够真正完全自立。因为依靠别人，跟从别人，追随别人，让别人去思考，这样一来，工作要省事得多。

所以人们经常会持有一个最大的错误观点，就是以为他们能够永远从别人不断的帮助中获益。自立是每一个志存高远者必备的品质，而模仿和依靠他人只会让自己变得懦弱。力量是自发的，不依赖他人的。坐在健身房里别人替我们练习，我们是无法增强自己肌肉的力量的。没有什么比依靠他人这种陋习更能破坏独立自主能力的了。如果你依靠他人，你将永远坚强不起来，也不会有独创力。要么独立自主，要么埋葬雄心壮志，一辈子做个仰人鼻息的人。

自主绝不是只单纯给自己创造一个优越的环境，以为可以不必艰苦奋斗，就能成功。这种做法只会给你们带来灾难。那个优越的开端很可能会是一个倒退的开端。年轻人需要的是能够获得所有的原动力。他们天生就是学习者、模仿者、效法者，他们很容易变成仿制品。当其他人不提供拐杖时，他们就无法独立行走了。

锻炼意志和力量，需要的是自助自立精神，而非靠来自他人的影响力，也不能依赖他人。

爱迪生说："坐在舒适的软垫子上的人容易睡去。"依靠他人，觉得总是会有人为我们做任何事，所以不必努力奋斗，这种想法对发挥自助自立和艰苦奋斗精神来说是致命的障碍！

一个身强力壮、背阔腰圆，重达近一百五十磅的年轻人竟然两手插在口袋里等着帮助，这无疑是世上最令人恶心的一幕。

你有没有想过，你认识的人中有多少人只是在等待？其中很多人不知道等的是什么，但他们在等某些东西。他们隐约觉得，会有什么东西降临，或许是好运气，或许是好机会，或许有某个人帮他们，这样他们就可以在没有了解情况，没有充分的准备或资金不足的情况下为自己获得一个开端，或是继续前进。

在我的人生经历中，从没见过某个习惯等着帮助、等着别人拉扯一把、等着别人的钱财或是等着运气降临的人能够成就大事。

只有抛弃每一根拐杖、破釜沉舟，依靠自己，才能赢得最后的胜利。自立是打开成功之门的钥匙，自立也是力量的源泉。

孩子，一旦你不再需要别人的援助，自强自立起来，你就踏上了成功之路。一旦你抛弃所有外来的帮助，你就会发挥出过去从未意识到的潜在力量。

世上没有比自尊更有价值的东西了，如果你不断从别人那里获得帮助，你就很难保有自尊；如果你决定依靠自己，独立自主，你就会变得日益坚强。

要相信你到这个世界上来是有目的的，是为了造就自己，是为了帮助别人，是扮演一个别人替代不了的角色，因为每个人在这场盛大的人生戏剧中都扮演着自己的角色。如果你不扮演这个角色，这出戏就有缺陷了。只有当你意识到自己要在世上完成一件事、扮演一个角色而必须自立时，你才能有所作为。生活也因此就有了崭新的意义。你说是这样吗？我的女儿。

居里夫人在这封信里通篇都在给女儿讲自立自强的意义。这是一个具有切身体会的成功母亲对孩子的现身说教。居里夫人出生在一个普通的中学教师之家，家里有兄弟姊妹五个孩子，生活很艰难。她十几岁就不得不出去打工，做家教，补贴家里。还要为日后留学积攒学费。她自己就是在自立自强中走向成功的。因此她对女儿的成长既充满希望，又担心会缺少自我奋斗的动力。所以，她对女儿要求很严格，为了培养女儿勇敢坚毅的品格和独立自主的精神，她鼓励女儿走出家庭，去到战争前线慰问战士，帮助老百姓抢收麦子。她亲自带领女儿到大自然中去磨炼意志，到贫民家中体验生活。

母亲的严格教育使孩子们受益匪浅，大女儿伊蕾娜·居里也像父母一样成为一名著名的科学家，并于1939年与母亲一样获得了诺贝尔化学奖。小女儿艾芙·居里喜欢文学艺术，成为一名杰出的音乐教育家和传记文学作家。

无数名人的成长，都有力地证明了自立自强是走向成功的法宝。

在中国，自古以来自立自强就是教子的重要内容，早在西汉，就流传着萧何教子有方的故事：

西汉开国良相萧何，是刘邦的丞相，地位极高，一人之下，万人之上。本来刘邦让他选择一块好地方，为家里多置办一些房产和宅地，但是萧何只选择了一块偏僻贫穷的土地，简单盖了几间房，连院墙都没有。

朋友们不理解，问萧何为什么不建丞相府？萧何对朋友们说：

"我的子孙没有对国家做出什么贡献，陛下赐给我田宅，让儿孙们同我一起住，已经是很恩惠了，如果因为我建丞相府，要迁移庶民，还要占据良田，我身为相国，怎么能对得起陛下和百姓呢？我现在选择的地方，虽然偏僻，但是可以用我的清贫去教育孩子勤俭持家，教育孩子要想生活好，就要自己努力去奋斗，勤力耕作，而不能依靠老子过日子。"

历史典籍上记载，萧何真的没有给子孙留下什么财富，子孙们也遵照萧何的教诲，勤奋自立，在朝廷激烈的斗争中，安然无恙。

西汉时还有疏广、疏受叔侄两个，都官至太子太傅，在位五年后，叔侄两个相继辞官回乡。当时皇上送给他们叔侄俩黄金百斤，车百乘。二人回家以后每日设酒宴请乡里人，并经常散金接济穷苦乡人。子孙们很担忧家产散尽，就对疏广说，何不用这些黄金多置办些产业？疏广听到后对儿孙们说："我难道不知道顾念子孙吗？但是我知道，贤而多财，则捐其志；愚而多财，则益其过。何况世人都有仇富心理。我不能增加你们的过失，招致众人对你们的怨恨。我自己原有的房宅田地，只要你们勤力耕作，完全可以达到常人的生活水平。如果我再给你们增加田宅，只会使你们懒惰懈怠，有损你们的意志。我这些钱，是皇上给我养老的，所以，我愿意拿出来和乡邻宗族众人共同享用，直到我去世，不是很好吗？"

萧何和疏广的教子方法，可谓深谋远虑，他们不给子孙置办产业，不留过多的财产，就是促使他们不要依靠父母的余荫，而要自强自立。中国古代许多有识之士都教子有方，而且都强调让孩子自强自立，不给后代留钱财。

南北朝时期的教育家颜之推对子女进行教育时，也在强调自立自强，他说：父兄不能长期依靠，家中的财产是不能永远保持下去的，一旦遇到不测，不得不背井离乡，就没有人来庇护。因此，最有效的办法，就是靠自己立足于世。谚语说得好："积财千万，不如薄技在身。"

宋真宗时有个名叫王旦的副宰相，凭他的地位，可以轻松地为子辈谋个官职，他侄儿王睦给他写信，希望能推举自己为进士。王旦说："我已经因为地位太高、门第太盛而担忧，怎么可以再利用职权，帮助子侄同那些贫寒的读书人去争功名呢？"他觉得利用职权去为子侄谋取官职，与没有靠山的寒士争进士是可耻的，而且也不利于子侄们自立能力的养成。所以，直到他去世，也没有让孩子当上官。

清代曾国藩教育子女时说："银钱、田产最易长骄气。仕宦之家，不蓄银钱，使子弟自觉一无可持，一日不勤，则将有饥寒之患。则子弟渐渐勤劳，知谋所以自立。"因此他要求："我家中断不可积钱，断不可买田。"他教给子侄的是"尔兄弟努力读书，决不怕没饭吃"。

清代著名将军左宗棠也要求子弟们自力更生，他说："我一介寒儒，忝在方镇，功名事业兼而有之，岂不能曾置田产，以为子孙计？然子弟欲其成人，总要从寒苦艰难中做起，多酝酿一代也。"左宗棠为了培养孩子们的自立精神，他把俸禄多用于公益事业，他对儿子说："我们家本是

左宗棠

贫寒朴素之家，近代才发展为巨富之家，尽管我多次告诫家人不能沾染世代做官的家庭长期形成的不良习惯，可是家庭费用一天天增加，现已出现不能节减的势头。我的薪金不再用来养肥自家，有剩余的随手散去，你们自己早作打算。"他把余钱用来贴补兰州书院和赈济家乡灾荒。

纵观古今中外的教子故事，对孩子自立自强的精神和意志培养，是一致的，只是方法不同而已。美国、韩国和日本的教育则重在从小的磨炼，他们的教子特点是：

第一，从生活小事入手，让孩子自己解决生活与学习中一些实际问题，锻炼孩子的自理能力。如美国的家长让孩子自己负担学习上的费用，很多孩子从小便尝试推销商品，既锻炼了孩子的能力和智力，也让孩子早些走进社会、了解社会，为成人以后立足于社会积累经验。在美国，孩子年满十八岁就要搬出父母的家，独立生活，所以及早的锻炼对孩子非常有益。

第二，从小培养吃苦耐劳的精神。韩国父母会带着五六岁的孩子，让他们自己爬山，这从体能上和耐力上对孩子来说都是比较残酷的考验。但是韩国家长认为只有这样才能锻炼孩子的意志，阻断孩子依赖大人的想法。

在日本，孩子五岁的时候，妈妈就开始教孩子做家务，帮妈妈洗菜、扫地、擦地、洗碗等；六岁时妈妈就开始让孩子自己洗袜子和小件内衣之类的衣服了。中小学生夏令营，孩子们都自己生火做饭，自己搭帐篷。日本父母认为让孩子从小就学会自己的事情自己做，不仅锻炼了孩子的自立能力，而且也锻炼了孩子的生存能力。所以，在日本，只要孩子能做的事，父母绝不帮忙。他们就是要培养孩子独立做事的习惯。

这些，在中国现代的家庭里很难做到。特别是独生子女一代，父母和爷爷奶奶外公外婆一家六口人捧着一个宝贝，真是捧在手里怕碰着，含在嘴里怕化了。他们哪里还舍得让孩子做家务、洗衣服！每天在幼儿园和学校门口，人和车都是送孩子和接孩子的，即使是高中学生，也基本都由家长接送。而且，几乎每个家长都替孩子背着书包。即使是年迈的爷爷奶奶、外公外婆，也舍不得让孩子自己背书包。孩子分内之事家长都想代劳，就更不要说让孩子吃苦了。很多大学生自己不会洗衣服，每周背一大兜子脏衣服回家交给母亲洗。

古代中国人对孩子自立教育所用的传统方法是给孩子营造自立的环境，不给孩子留财产，而让孩子长大以后靠自己的能力来治家。这一方法，其他许多国家的人也在用。日本人就认为：在物质条件太优越的环境中成长的孩子，多半缺乏毅力。因此，即使家里经济状况再好，他们也十分注重锻炼孩子的吃苦能力。居里夫人有条件给女儿留下巨额财产，足够女儿享受荣华富贵，但是她没有这么做，只给女儿留下了自立和自信的品格。

相比之下，中国现代许多家长对此缺少正确的认识，许多父母拼命挣钱、敛财，有些官员甚至不惜违法违纪，为儿女积攒财产，希望将来孩子可以坐享其成。结果往往身败名裂，家破人亡。俗话说的"富不过三代"，就是这个道理，只有教会孩子自立，才能使孩子立足于社会而不败。

## 二、立志

被誉为"南国儒林第一人"的王夫之,是清代著名的学者、思想家和教育家。他提出了许多重要的教育思想,其中最重要的一条就是要把培养学生的志向作为教育的根本,放在教育的首位,即"正志为本"。对于"志"的含义,王夫之这样解释:"夫志者,执持而不迁之心也,生于此,死于此,身没而子孙之精气相承以不间。"王夫之认为:志向,是不可以随意更改的,它一旦确立,就伴随着人的一生,支配着人的行为。而且还应当传给子孙后代,使之发扬光大。

那么,人为什么要立志?王夫之认为:"志定而学乃益,未闻无志而以学为志者也。以学而游移其志,异端邪说,流俗之传闻,淫曼之小慧,大以蚀其心思,而小以荒其岁月。"这段话的意思是说,学与立志有直接的关系,学必立志,只有立下志向的人,学习才有了方向和动力,才能有所收益。如果没有志向,那就会被异端邪说、世俗的传闻所迷惑,沾染上放荡轻浮之类的坏毛病。其危害大到腐蚀了人的思想意志,小到荒废了光阴。天底下还未曾有没有志向而在学业上取得成就的人。

至于如何立志,王夫之说:"人之所为,万变不齐,而志则必一。从无一人而两志者,志于彼而又志于此,则不可名为志,而直谓之无志。""志正则无不可用,志不持则无一可用。"这两句话都是在强调志必专一，必须持之以恒。用心不专是不可能获得成功的。

所以，王夫之教育自己的后代也是首先坚持"正志为本"，他在给儿子、侄儿的信中说：

"立志之始，在脱习气。习气薰人，不醪而醉。其始无端，其终无谓。袖中挥拳，针尖竞利；狂在须臾，九牛莫制。岂有丈夫，忍以身试？彼可怜悯，我实惭愧！前有千古，后有百世；广延九州，旁及四夷。何所羁络，何所拘执？焉有骐驹，随行逐队。无尽之财，岂吾之积？目前之人，皆吾之治，特不屑耳，岂为吾累！潇洒安康，天君无系。亭亭鼎鼎，风光月霁。以之读书，得古人意；以之立身，踞豪杰地；以之事亲，所养惟志；以之交友，所合惟义。惟其超越，是以和易。光芒烛天，芳菲匝地。深潭映碧，春山凝翠。寿考维祺，念之不昧！"（《示子侄书》）

**王夫之书法**

意思是说，立志之初，首先要摒弃不良习气。不良习气影响人，不用酒，都足以醉人。它是来无端、去无影的。为了针尖一般的蝇头小利，也会使人挥舞拳头。片刻的狂妄冲动，九牛之力也难以制止。岂有一个堂堂大丈夫，愿以身尝试？这样做的人实在可怜，自己也会深感惭愧。在我之前有千古之久，在我之后有百代之远。地域广阔至整个天下，旁及四方之边鄙，我有什么局限牵制呢？而一个有志的人，又怎能与世俗随波逐流呢？无穷的财富，哪是我所要蓄积的呢？而眼前这些人，都是我要影响教化的对象，只要心中并不在意他们的毛病，又怎会成为我的累赘呢？为人潇洒宽厚，心中便坦然无愧。人胸怀宽广，如日月清朗纯净，用这样的气度去读书，就能深得古人的意境；用这样的胸怀来立身处世，便如同立于豪杰之地；这样去侍奉双亲，便能涵养出高尚的品格；这样去交友，处事就能合乎义理。只有超脱于尘俗的气度，才能温和平易。这样人品就会如灯烛辉煌，光芒四射，如芳菲满地，香气袭人；如深潭之水，映照碧波；又如春天的青山，苍翠浓绿。还能享高寿、致吉祥，终身谨念不失。

王夫之认为，人开始立志，就要摆脱庸俗低级的习气，而一旦立下志向，就会成为有所作为的人，就如同"光芒烛火，芳草匝地；深潭映碧，青山凝翠"。

他还有一首《示侄孙生蕃》诗，第一句就写道："传家一卷书，惟在汝立志。"意思是说：我给你一卷书，作为传家宝，唯一的希望就是你要树立远大志向。在诗中，王夫之不断勉励侄孙要学习凤凰的凌云之志，不要像燕雀那样只满足于茅檐草舍；不要趋炎附势，更不要获取不义之财。要立志读书，才可以防止庸俗习气的侵蚀。也只有立志，才可以做顶天立地的人。

王夫之的家书及写给侄孙的诗意思都很明了，教孩子立志，是教子的重要内容，是孩子成长的基础；只有立志，才可能成为有用的人。所以，无论是教育学生还是教育自己的孩子，他都把立志教育放在首位，作为教育的根本。

对于孩子立志，王夫之也有自己独特的见解，即要结合孩子的特点，能为孩子所接受。王夫之认为：儿童易受外界影响，可变性大，便于"求通而不自锢"，所以教育者必须"正其始"，"养其习于童蒙"。

王夫之不仅这样教育后代，而且自己也以身作则，为子孙们树立了榜样。他生于明代，忠于国家的志向使他参加了抗清复明的斗争，当时清兵攻陷了他的家乡湖南衡阳，为躲避清兵的迫害，他几度迁徙流浪，最后来到石船山下，建了一间茅屋，名为"湘西草堂"，在那里聚徒讲学，宣传抗清主张。虽然过着窘迫的生活，但从未中断著述讲学，直到康熙三十一年（1692）去世。王夫之逝世后，他的朋友在他的墓碑上刻了一副对联，写道："世臣乔木千年屋，南国儒林第一人。"王夫之以自己坚忍不拔的精神和矢志不渝的志向给晚辈树立了榜样。

三国时期蜀汉丞相，杰出的政治家、军事家诸葛亮曾给儿子诸葛瞻写了一封《诫子书》，告诫儿子：

夫君子之行，静以修身，俭以养德。非淡泊无以明志，非宁静无以致远。夫学须静也，才须学也，非学无以广才，非志无以成学。淫慢则不能励精，险躁则不能治性。年与时驰，意与日去，遂成枯落。多不接世，悲守穷庐，将复何及！

《诫子书》中诸葛亮以自己对人生的体悟来劝勉儿子勤学立志，信虽短，但却明确表达了诸葛亮对儿子的期望和要求：希望儿子能宁静修身、俭约养德、淡泊明志。鼓励儿子勤学励志，从淡泊和宁静的自身修养上去下功夫。切忌心浮气躁，举止荒唐，要稳得下来、学得进去。他教导儿子：少壮不努力，老大徒伤悲。这不仅是他人生的总结，更是教育后代的重点。

诸葛亮在给自己外甥的信（《诫外甥书》）中，再一次强调了立志：

夫志当存高远，慕先贤，绝情欲，弃凝滞，使庶几之志，揭然有所存，恻然有所感；忍屈伸，去细碎，广咨问，除嫌吝，虽有淹留，何损于美趣，何患于不济。若志不强毅，意不慷慨，徒碌碌滞于俗，默默束于情，永窜伏于凡庸，不免于下流矣！

诸葛亮

意思是说，一个人应该确立远大的志向，追求仰慕圣哲先贤，掌控节制七情六欲，去掉郁结在胸中的俗欲杂念，使即将达到圣贤的那种崇高志向，在你身上清楚地凸显出来，使你精神为之震动、心灵上感悟到它的激励。要能够经得起一帆风顺、曲折坎坷等不同境遇的考验，摆脱琐碎事务和庸俗感情的纠缠，广泛地向人请教，根除自己怨天尤人的情绪。做到这些以后，虽然也可能在事业上暂时看不到进展，但是并不会影响自己高尚的情趣，又何必担心事业不能成功呢？如果人生志向不坚毅，理想境界不开阔，沉溺于世俗私情，碌碌无为，长久地混迹于平庸的人群中，就会难免沦落，成为缺乏教养、没有出息的人。

这篇《诫外甥书》重在教导外甥要"立志做人"。诸葛亮借此在阐明一个重大的人生问题，从何谓立志、怎样立志几个方面逐步揭示出立志的重大意义。既表现出作为长辈的诸葛亮丰厚的人生修养，也体现了他对后代的殷切期望与关怀。在中国传统家教中，中华传统美德得到了完美的体现。

明代伟大的地理学家和旅行家徐霞客所著的《徐霞客游记》名扬海内，它不仅是地理方面的学术著作，同时又具有很高的文学价值。徐霞客这部著作的问世，应该说得益于母亲的教育与支持。

徐霞客自幼喜欢大自然，经常自己找一些有关山川地理方面的书籍来阅读。少年时就立下志向，"州有九，涉其八；岳有五，登其四"。他告诉大家："中华有九州土地，我要跋涉八州；祖国有五座名山，我要攀登四座；一个有志气的人，应该朝观碧海，暮登苍山。"十七岁时，父亲去世，徐霞客想要去旅行，但又不忍心离开年迈的母亲。没想到有一天，母亲把徐霞客叫到自己房间，拿出一顶帽子，对儿子说："身为男子汉，应当志在四方。这是我给你缝制的帽子，你去旅行吧，游历名山大川，可以开阔眼界，增长见识。为娘的支持你。"母亲的举止，使徐霞客非常感动。在母亲的鼓励下，徐霞客下定决心，第二天准备出游。

由于放心不下母亲，徐霞客这一次没走多远。回来后，他向母亲描述了山川的盛景和自己一路的见闻，母亲听着非常高兴。

为了让儿子能实现游遍祖国和著书立说的志向，母亲向儿子提出来，与儿子一起去游历。于是在母亲八十岁那年，徐霞客开始带着母亲一起远游，老人以乐观的精神和健康的身体让徐霞客放下了心理包袱，增强了自己的信心。他在母亲的鼓励下，不仅实现了探寻中国名山大川的愿望，还将自己的考察见闻记录下来，出版了《徐霞客游记》。全书六十余万字，记述了他从1613年至1639年二十六年间旅行观察所得。书中对地理、水文地质、植物等都进行了详细的描述，是系统考察中国地貌地质的开山之作，同时也是一部描绘祖国的山川风景的文学佳作，在地理学和文学上都有不朽的价值。

母亲的理解和支持是徐霞客成就理想志向的巨大精神动力，自己的不懈努力和坚持是实现志向抱负的决定因素。

我国当代著名的热能动力学专家、热能动力工程学科的创始人之一、中国科学院院士陈学俊的成长，也离不开家庭的教育。

陈学俊1919年3月出生于一个商人家庭里，他的父亲陈克钧是一位深明大义、目光高远的儒商。母亲张慧先淳朴善良、勤劳贤惠，每天操持着家务，从没有任何怨言。

对于孩子的培养教育，陈克钧很开明，也很有远见，他教育和引导陈学俊，人要有理想和志向，而且立志当存高远。他虽然是一个成功的商人，但是他并不想让儿子继承自己的事业，他认为，经商虽然能挣钱，但是，在国家处于内忧外患之际，更需要一大批知识和科技方面的人才，读好书、学科学知识才能真正为国出力。因此，他经常鼓励儿子要好好学习，要立志。

在父亲的教导下，少年时代的陈学俊学习就非常努力，1931年陈学俊小学毕业，考入金陵中学，但由于上海"一·二八"事变爆发，陈学俊被迫休学。战乱促使他更加努力，通过自学，他跳级到高中学习。高中毕业后考入了南京中央大学机械系，1937年抗日战争全面爆发，他随学校迁到了重庆。在重庆，他们的学习生活非常艰苦，日本的飞机经常轰炸平民区，面对日本人的侵略，他救国救民的意志更加坚定。

1939年，陈学俊大学毕业，到重庆中央工业试验所，从事制造工业锅炉方面的工作。1941年，他参加了在贵阳举行的中国工程师学会，在会上宣读了中国锅炉制造方面的第一篇论文《锅炉制造工艺的研究》，那时，他只有二十二岁。

新中国成立以后，陈学俊担任上海交通大学教授，并创办了国内第一个动力机械系锅炉制造专业。1980年当选为中科院院士。

在陈学俊院士的成长过程中，父亲的指引和教导起了巨大的作用，"立志当存高远"也是被古今中外证明了的真理。

> 陈学俊先生开创了我国物理学的多个第一：于20世纪50年代初筹建了我国高校中第一个锅炉专业；1979年创建了我国高校第一个工程热物理研究所；创建了我国唯一的动力工程多相流国家重点实验室。他是国内外享有盛誉的能源动力工程专家和教育家，为我国能源动力工程科学事业做出了杰出贡献。

> 1955年，交通大学由上海整体迁往西安。陈学俊和夫人袁旦庆扎根西部几十年，坚持不懈开展科学研究，取得了一系列令人瞩目的研究成果。这些研究成果为我国大型电站锅炉的设计、生产提供了重要的理论依据，并用于国家主力锅炉厂的设计和生产中，产生了巨大的社会效益和经济效益。陈学俊为国家能源技术政策的制定提供了重要依据，在动力工程行业具有崇高声望及巨大影响。

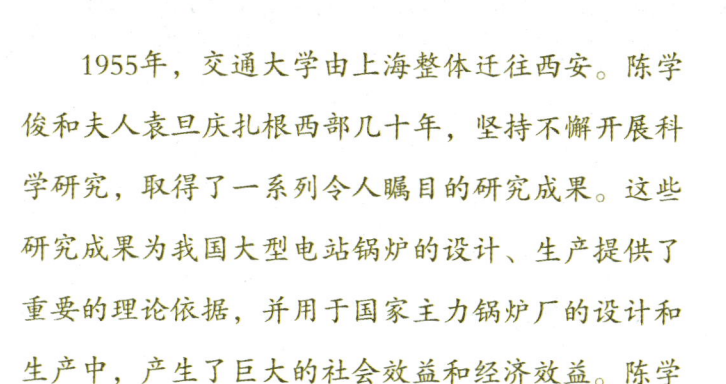

乔治·巴顿是美国历史上著名的将军之一，他出生在一个军人世家里，他的曾祖父和祖父都是美国有名的将军，并都战死在疆场。他的父亲毕业于弗吉尼亚军事学院，也是一名军人。所以，在巴顿幼小的心灵里，充满了身为军人后代的自豪感和对英雄的向往。他立志长大以后也像爷爷和父亲一样，做一名英勇的将军。当他把自己的想法告诉爸爸，爸爸高兴地说，"太好了！这正是我希望的。不过，要想成为一名好军人，必须有强大的毅力和健康的体魄，还要好好学习，报考军事院校，才可以实现自己的理想。"小巴顿认真严肃地对爸爸说："爸爸放心吧！我会锻炼自己，我能吃苦的。"

巴顿家里有一个大农场，小巴顿就住在农场里，他把农场当成他练兵习武的地方，经常是一练就一整天。后来，父亲送给他一匹马，他经常骑着马驰骋在田野上，练习马上射击。辽阔的田野成为他的"沙场"。后来他考取了西点军校，成为一名真正的军人。开启了他的传奇人生。在第二次世界大战中，他指挥军队转战法德等国家，为盟军在欧洲战场上取得胜利立下了不朽的功勋。

> ### 巴顿将军
>
> 巴顿是一位充满传奇色彩的人物，他一生呈现出鲜明的个人性格特点，粗鲁、野蛮是他在战争中留给后人的印象。很多人认为他是"一位统率大军的天才和最具进攻精神的先锋官"和"二十世纪的拿破仑"，但也有人认为他"勇猛有余、智谋不足""骄傲自大、华而不实"。实际上，他作战勇猛顽强，指挥果断，富于进攻精神，善于发挥装甲兵优势实施快速机动和远距离奔袭，被部下称为"血胆老将"。
>
> 作为一名血性军人，巴顿的身上几乎集中了军人的一切特质，好的坏的无一例外。他作战勇猛机动灵活，是不可多得的装甲指挥人才，但又口无遮拦心无城府，注定了难以被人接受。所以，在世人眼里，巴顿堪称二战中最传奇、最有争议的名将了。

西班牙著名的航海家克里斯托弗·哥伦布从小就喜欢大海，他经常带着小伙伴和弟弟妹妹去海边捡贝壳，或者到大海里游泳。他读了《马可·波罗游记》以后，也渴望着成为一名航海家，周游世界。

当纺织工的父亲非常支持儿子，很想为儿子提供一些帮助。有一天，父亲兴奋地对哥伦布说："儿子，你想不想乘船出游？"

小哥伦布急忙回答："想啊，有机会吗？"

爸爸说："我过几天要运一批纺织品去市场交易，本来想雇一名水手，既然你那么想去，那你就代替水手好了。"

小哥伦布高兴得蹦了起来："我终于可以乘船远航了。"

这次远航，小哥伦布看到了家乡以外的世界。同时他结识了许多水手，在与水手的接触中，他获得了许多航海知识，更坚定了他要当航海家的志向。从那以后，小哥伦布就经常随着父亲出海。

1492年，哥伦布得到了西班牙王室的资助，实现了他航行世界的梦想。

### 哥伦布发现新大陆

公元15世纪，哥伦布接受西班牙王室的委托，跨过大西洋，发现了美洲大陆。在当时，美洲大陆并不在欧洲人绘制的地图当中，以至于当哥伦布到达这里时，竟然以为自己来到了印度。所以，他把美洲大陆上的土著人，都称为印第安人。虽然哥伦布此次航海没有找到自己向往已久的神秘东方，但对于人类历史，却有极为重大的意义。在那以后，越来越多的人在哥伦布的激励下，愿意到海外探险，寻找新的大陆。大航海时代的第一波高潮，就此来临。新大陆发现后，欧洲人口持续不断地向美洲迁移，掀起了人类迁移史上的第三次高潮。

由此看来，父母帮助孩子明确自己的志向，并朝着这个方向不断努力是孩子在人生道路上取得成功的最有效的方法。

德国著名存在主义哲学家、心理学家、精神病学家卡尔·西奥多·雅斯贝尔斯1883年出生在德国奥登堡，父亲是银行行长，母亲是奥登堡州议会议长之女。他的家境很富裕，但是他不幸患上了先天性支气管扩张症，很容易被空气中的细菌感染，所以只能待在家里。但是雅斯贝尔斯在单调的居家生活中，经过自己刻苦的努力，于1909年获得海德堡大学博士学位。毕业后，相继在海德堡大学和巴塞尔大学任心理学、哲学教授。他从自己的人生经历中深切地感悟到人的理想志向、生活的目标对人的成长是多么重要，因此，他专门给儿子写了一封信，和儿子谈人生的志向与目标。他认为，确定什么样的目标，决定你能走多远。"年轻人最大的绊脚石往往是这种错误的想法：认为天才或成功是先天注定的。"他在信中对儿子说：

许多人一事无成，就是因为他们缺少雄心勃勃、排除万难、迈向成功的动力。不管一个年轻人有多么超群的能力，有多么聪明、谦虚、和善，如果他缺少迈向成功的动机，他将难有成就。

他在信中给儿子讲了英国首相威廉·皮特的故事：

威廉·皮特还是一个孩子的时候，就被教导只有成就一番事业才不会辜负父亲的期望。这是他所受一切教导的主旨，无论他身在何处，无论他做什么，不管是在上学、工作还是娱乐，他从未忘记过父母赋予他的这一神圣职责——他应该出人头地，应该成为一个公正、睿智、有影响力的政治家。这个观念在他身体的每一个细胞中生根发芽，并鼓励着他锲而不舍、坚韧不拔地朝着这个明确的目标前进。二十二岁那年，他就进入了国会，二十三岁时，当上了财政大臣；而到了二十五岁时，他已经成了英国首相。

雅斯贝尔斯认为，威廉·皮特的成功，在于他有自己的目标，并且愿意朝着自己的目标不懈地努力；他没有像别人那样浪费时间，而是毫不犹豫地朝着自己的目标勇往直前。

因此，他告诫儿子：

一个人有了目标，加上坚韧不拔的决心，再加上持之以恒的努力，就一定能使人生很出色。一个人未来的一切都取决于他的人生目标，人生目标可以重塑一个人的性格，改变一个人的生活，也可以影响他的动机和行为方式，甚至决定他的命运。整个生活都是在人生目标的指引下进行着。如果思想苍白、格调低下，生活质量也就趋于低劣；反之生活则多姿多彩，尽享人生乐趣。

他向儿子阐释了树立目标的意义：

树立目标的最大价值在于可以避免浪费时间，避免漫无目的的瞎干。而无论遵循什么原则，一定要运用积极的人生观才能实现你生命中的高尚目标，积极的人生观是一种催化剂，让各种成功要素共同作用来帮助你实现目标。而消极的人生观也是一种催化剂，会造成罪恶、灾难等一系列悲剧。

明确目标是成功之始，而一个积极向上的目标会使你变得强大有力，会使你胸怀远大的抱负，积极的目标在你失败时会给你前进的动力，使你避免倒退，不再为过去担忧；积极的目标会使理想中的你与现实中的你统一，使你走上成功之路。

作为心理学家、哲学家和精神病学家的雅斯贝尔斯，凭借他的专业对人的精神世界与人的生存哲学进行过深入的研究，自己的成就与人生经历又使他对人生有更深入的体悟；所以，他以自己的研究与体会向儿子谈了确立人生目标的重要性，这是决定一个人成功与否的关键所在。特别是信中讲了小威廉·皮特和老威廉·皮特的成功之路，更加有力地验证了人生目标的价值。威廉·皮特父子是英国历史上一对著名的父子首相：老皮特是英国第九位首相，曾经指挥英国军队取得七年战争的胜利；小皮特是英国第十四位首相，任期长达二十年，是历史上最年轻的、任期最长的首相。他们为后世之人树立了典范。其实，雅斯贝尔斯就是一个成功的典范，他也是儿子的榜样。

无论古今中外，人生的目标与志向是孩子成长中必不可少的。作为父母，帮助孩子确定人生目标，鼓励孩子树立远大志向，是一种积极的教育方式。相比之下，国外的教育更重视这一点。确定目标树立志向并不困难，难的是实现的过程，需要持之以恒的努力、坚韧不拔的毅力。这个过程可能会很艰难，需要坚强的意志力。在国外，家长们从小就训练孩子吃苦耐劳的能力。而我们现在大多是

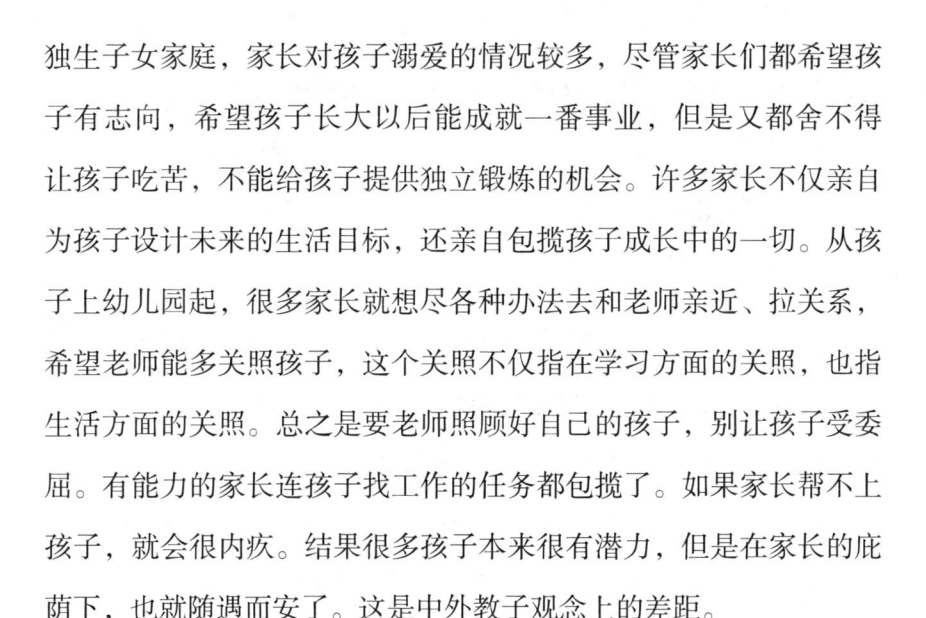

独生子女家庭，家长对孩子溺爱的情况较多，尽管家长们都希望孩子有志向，希望孩子长大以后能成就一番事业，但是又都舍不得让孩子吃苦，不能给孩子提供独立锻炼的机会。许多家长不仅亲自为孩子设计未来的生活目标，还亲自包揽孩子成长中的一切。从孩子上幼儿园起，很多家长就想尽各种办法去和老师亲近、拉关系，希望老师能多关照孩子，这个关照不仅指在学习方面的关照，也指生活方面的关照。总之是要老师照顾好自己的孩子，别让孩子受委屈。有能力的家长连孩子找工作的任务都包揽了。如果家长帮不上孩子，就会很内疚。结果很多孩子本来很有潜力，但是在家长的庇荫下，也就随遇而安了。这是中外教子观念上的差距。

## 三、勤奋

教孩子勤奋学习，是中外家庭教育中普遍认同和重视的教育观念。但是如何激发孩子学习的热情，让孩子勤奋学习，方法则是各有千秋。

法国著名的生理学家夏尔·罗贝尔·里谢，1913年获得诺贝尔生理学或医学奖。然而他小时候并不是一个爱学习的孩子，他喜欢在外面东奔西跑，非常贪玩。一天，父亲和他一起在公园里玩耍，累了，父子俩就躺在草坪上休息。这时，有两只虫子爬过来，小里谢把虫子捉在手里看着，看着看着，他忽然大声和父亲说："这两只虫子怎么有六条腿呀？是不是所有的虫子都有六条腿？"父亲说："那咱们再去找找别的虫子看看。"一会儿，小里谢就又捉到了一只蝴蝶，看看也是六条腿，他又捉了几种不同的虫子，也是六条腿。他对爸爸说："为什么虫子都是六条腿，而大部分的动物是四条腿呢？"爸爸就给里谢讲了好多关于昆虫和动物的知识。小里谢特惊讶地对爸爸说："爸爸您怎么知道那么多，真了不起。"爸爸看着儿子兴奋的小脸，慢条斯理地说："爸爸并不是生来就知道这么多知识，而是从小开始读书，一点一滴地积累起来的。你愿意读书学习，积累知识吗？"

"我愿意！"小里谢坚定地回答。"那就从现在起好好读书，不要再浪费时间了"，爸爸说。

从此，里谢非常努力学习，并将研究生物作为自己人生的目标。经过勤奋的学习，他考入了巴黎大学，并在1877年和1878年连续获得了医学博士和理科博士学位。里谢毕业之后，在巴黎大学做医学和生理学教授。在19世纪80年代，里谢研究了恒温动物是如何保持恒定的体温的，还研究了细菌在体液中是如何传输的。

在动物试验中他发现了过敏反应，即机体对某种抗原物质的特异反应，他出版了医学专著《过敏性反应》，因而获得1913年诺贝尔生理学或医学奖。他发现了的过敏反应，为现代医学开创了一条新路，里谢通过自己的努力实现了自己的理想。

里谢能取得如此卓越的成就，应该说是他父亲利用他的兴趣激发了他的学习热情，开启了他的智慧。里谢的成功，给孩子们树立了勤奋学习的榜样。

我们熟悉的德国伟大的演奏家和作曲家巴赫，他的成功，也离不开父亲的教育。

巴赫的父亲是一位小提琴手，很早就成为宫廷乐队指挥。巴赫三四岁时，就表现出对音乐的极大兴趣，而且显露出音乐的天赋。有一天，爸爸对巴赫说："我很想把你培养成音乐家，但是，要取得成功，就要坚持不懈地学习，要耐得住寂寞，要能承受失败。孩子，

巴赫

你有信心吗?"小巴赫认真地说:"我知道,爸爸,我能做到。"

从那天开始,爸爸就每天教巴赫练习小提琴,小巴赫也很认真地练习,经过一段时间的努力,小巴赫也逐步掌握了一些要领,音准也越来越好了。很快小巴赫就学会了父亲教的基本技法,能独立演奏了。后来他又去练中提琴。小巴赫的刻苦与努力,感动了父亲,父亲也为此而欣慰。后来巴赫又学习管风琴,他的音乐天赋一步一步得到了充分发挥,终于成为享誉欧洲的大音乐家。

拿破仑·希尔是美国最负盛名的成功学家,也是成功学的开创者。他出生于一个贫寒的美国家庭,母亲早逝,是继母不断鼓励他努力做一个成功的人。希尔没有辜负继母的期望,他成功了。那希尔又是怎样教育儿子的呢?他有一封写给儿子的信:

我的孩子:

通往成功的道路上,勤奋是最短也最有效的途径。现在很多人都在通过各种书籍去寻找成功的技巧,而到了最后他们会发现技巧就在身边,做任何事都是要靠勤奋和执着的,只有不断地勤奋学习,努力工作,从中领悟勤奋激发出的灵感,成功的契机才慢慢向自己靠拢。自恃天分高而懒懒散散,必然导致落后和失败,勤奋是成功的前提,不付出辛劳,哪来成功的喜悦?

在费城,有一个人在一年之中的每一天里,都几乎做着同一件事:天刚刚放亮,他就伏在打字机前,开始一天的写作,这个人就是国际上著名的恐怖小说大师——斯蒂芬·金。斯蒂芬·金的经历十分坎坷,他曾经贫困得连电话费都交不起,电话公司因此而掐断了他的电话线，然而他没有气馁，而是仍勤奋不辍地写作。后来，他成了世界上著名的恐怖小说大师，整天稿约不断，常常是一部小说还在他的大脑之中酝酿着，出版商就已经将高额的订金支付给了他。如今，他算是世界级的大富翁了。可是，他的每一天，仍然是在勤奋的创作之中度过的。斯蒂芬·金成功的秘诀很简单，只有两个字：勤奋。勤奋给他带来了永不枯竭的灵感。

在现实生活中，每个人似乎都知道工作要勤奋，学习要勤奋，但是却没有几个人能坚持到底。在人生的跑道上，只有那些奋斗不息、一直向前跑的人才会最终到达目的地。

莫尔斯在他四十一岁时开始研究电报机，历时十年之久才研究成功，不仅改变了他后半生的命运，而且还加快了人类通信的脚步。他靠的是什么？是勤奋和勤奋赋予他的灵感，一个人从小学到中学，再升入大学，不停地奋斗，不停地学习，勤奋给他带来了永不枯竭的灵感，也完美地塑造了他的人生观和价值观。

我们常见一些所谓的天才儿童，因为没有继续努力，而最终"泯然众人矣"。倒是小时候被认为是蠢材的爱迪生竟成为发明大王。而被视为最愚笨的爱因斯坦却成为最卓越的科学巨匠。严格来说，天才和愚者，毕竟都只是极少数中的少数。绝大多数人，在智商上，都是差不了多少的。谁说过挨耳光时候的爱迪生是天才？莎士比亚在剧场做小工的时候，谁又料到，在若干世纪后，英国会出现一句"宁可失去印度群岛，也不可失去莎士比亚"的赞语？

做任何事情，要出类拔萃，就必须勤奋努力。如果是智者，那就要记住一句话："成功是一分天才加上九十九分的血汗。"如果是愚者，更要记住："勤能补拙，要付出更多的血汗。"

假使一个人不能成为高山上挺拔的苍松，那么就做山谷中最美丽的百合。成就不在于事业大小，而在于尽心尽力地勤奋去做。成功属于勤奋不辍的人，只有他们才能以最短的路径达到成功的目标。

想念你的父亲

拿破仑所开创的成功学成为全世界年轻人热捧的学问，他们怀着热切的渴望在拿破仑的著作里寻找着成功的秘籍。这封家信则深入透辟地道出了成功之路——勤为径，这是被无数成功者证明了的最短也是最有效的路径。

在中国被誉为"书圣"的晋代大书法家王羲之，有七个儿子，都长于书法。尤其是小儿子王献之，最受王羲之宠爱。对他的学习，王羲之也格外关注。王献之从小和父亲学习书法，很想像父亲那样成为人们所崇敬的书法家。但是，日复一日的练习让他感到很乏味。有一天，他问父亲："写字有什么窍门吗？"王羲之指着院子里的十八口大缸说："写字的秘诀就在这些水缸里，你把这十八口水缸里的水写完了，就明白了。"

王献之听父亲的话，每天挥毫泼墨。临摹父亲的字，很快一缸水就没了。王献之得意地拿着自己写的字给父亲看，父亲看着儿子写的一堆字，不停地摇头，看到有一个"大"字时，父亲露出满意的表情，随手在"大"字下面填了一个点。然后把献之写的字都退给他说："学书，没有捷径可走，全在于功夫，而功夫就是练出来的。"

于是，他给王献之讲了"临池学书"的故事：

后汉著名书法家张芝（字伯英），年轻时勤学苦练，擅长草书，家中买来的绢帛，他一定是先用于练字而后再染色，他在池边研墨习字，池水都被弄黑了。

王羲之告诉儿子："练习写字，要坚持，持之以恒，才能写好。而且，功夫不全在字内，还有的功夫在字外。就是说，除了练字，还要读书，提高道德修养，完善人格，这些都是书法家必备的素质。学书，功夫在书外。"

王献之在爸爸的教诲下，又开始认真地每天练字，又过了几年，儿子把写的字给母亲看，对母亲说："我是按照爸爸的字样练的，您看我和父亲的字还有什么不同？"母亲拿着儿子写的一摞字，在房里认真看了三天，最后指着王羲之在"大"字下加的那个

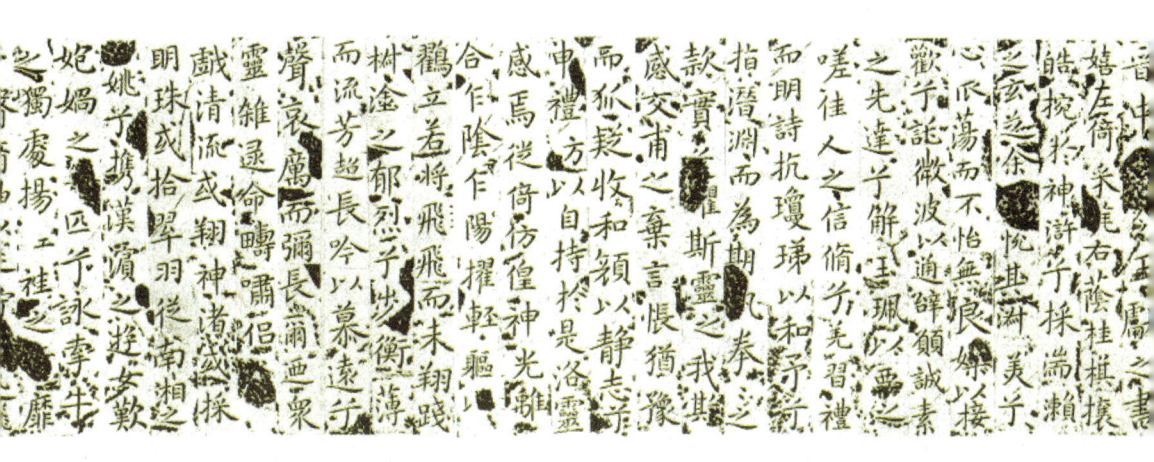

王献之书法真迹

点，叹口气说："吾儿磨尽三缸水，唯有一点似羲之。"

献之听了以后，泄气地说："真的好难啊！什么时候才能把字练好呢？"母亲鼓励他说，"孩子，只要肯下功夫，坚持不懈地练下去，就一定能成功。"

就这样，王献之坚持勤学苦练，终于写完了十八缸水，成为与父亲齐名的书法家。他与父亲，一个被称为"书圣"，一个被称为"书亚"，世称"二王"。他们的书法对后世产生了很大影响。

王献之的成功说明了一个道理：勤学苦练、持之以恒是成功的必由之路。

在家教中，除了对孩子的教育和引导外，家长的身教与影响也很重要。王羲之也曾临池学书，抚州临川城东有一水池，相传即为羲之临池学书之处。

宋代苏轼还曾写诗《石苍舒醉墨堂》，用"不须临池更苦学，完取素绢充衾裯"，称赞他们这种锲而不舍的精神。

后来"临池学书"成为一个成语，形容人书法精绝，或用以指练习书法。

蜚声中外的古典四大名著之一《西游记》，深得广大读者的喜爱。而它的作者吴承恩为了能读书写字，则经历了一番艰苦的生活。吴承恩小时候家里很穷，常常连读书用的笔墨都买不起。他的爸爸为了教孩子读书写字，花了很多心思。有一天，他爸爸从湖边经过，看见一堆农民扔掉的蒲根，便捡了几根带回家，把它们洗净、晾干，然后铺平了，叫小吴承恩在上面练习写字。小吴承恩迟迟不愿意动笔，噘着小嘴说："这上面能写字吗？"

爸爸见状，耐心地对他说："你还记得宋代文学家欧阳修吗？

他小时候，家境比咱们还困难，上学买不起笔墨，他的母亲就教他用芦柴棒在地上学写字。还有抗金英雄岳飞，他的母亲用树枝在沙土上教他练习写字。你现在可以用笔墨在蒲根上写字，不是已经很好了吗？"听了父亲的一席话，吴承恩觉得很惭愧，从此他就经常到湖边去捡蒲根，整理好了便在上面一笔一画地练习写字。后来他写过字的蒲根都堆到了一人多高。就这样，吴承恩坚持不懈，勤学苦练，不但把字练好了，而且还能写出好文章来，成年以后，创作了这部浪漫主义杰作《西游记》。这部著作的问世，以及书中所反映的唐僧坚韧不拔、不畏艰难坚持去西天取经的精神，与吴承恩艰苦的生活经历和勤奋的学习过往有直接关系。

　　三国时期魏国的董遇，精通《左传》，还曾为《老子》一书作注。他的弟子，经常抱怨没有时间读书，董遇就告诉他们有"三余"，即"冬者，岁之余；夜者，日之余；阴雨者，时之余也"。董遇是在告诉学生不要为自己的懒惰找借口，时间是可以挤出来的，只要充分利用好这三个时间之余，就能有时间来学习。

　　清代雍正年间，在四川锦江书院，有一个老师叫彭瑞淑，他在教学生时，特别强调：学习的成败，并不取决于天资的高下，而取决于主观上是否努力。只要锲而不舍，学而不厌，就是天资差一点，也能有所成就。如果自恃聪明而放松了学习，即便天资再好也会一事无成。

彭瑞淑的儿子和侄子，有些不爱学习，为了让他们能够立志勤奋学习，他给儿子和侄子写了一封家书：《为学一首示子侄》，文中写道："天下事有难易乎？为之，则难者亦易矣；不为，则易者亦难矣。"意思是说：天下的事有难易之分吗？努力去做它，即便是难的也容易了；不去做，容易的也会变得难了。学习也是一样，只要努力学习，难的也会变得容易了；不努力学习，容易的也会变难。在文中，彭瑞淑还列举了孔子学生曾参的事例，孔子的诸多学生中，最终能把老师理论传下来的，就是大家都认为天生愚笨的曾参。

因此，彭瑞淑得出了结论："昏庸聪敏之道，岂有常哉？"也就是说，聪明与愚笨，对一个人的作用难道是一成不变的吗？

教育孩子勤奋读书，实现自己的人生目标，成为有用之才，是所有家长的共同愿望。但是如何让孩子把学习当作自觉的行为，是需要家长进行精心设计和引导的。这几个故事中的方法是可以学习借鉴的。首先要给孩子明确努力的方向和目标，激发孩子学习的动力和兴趣。其次要培养孩子吃苦耐劳的品质。最后要教育孩子懂得珍惜时间，循序渐进。

# 第三章 躬行篇

> 天下之事，闻者不如见者知之为详，见者不如居者知之为尽。——陆游

## 一、劳动

对孩子进行劳动方面的教育，在中国现代教育中日益被重视。由于中国独生子女的家庭较多，父母疼爱孩子，包揽了孩子的一切生活所需，基本上孩子们都是饭来张口、衣来伸手。离开父母以后，独立生活的能力普遍比较差。

国外的教育中对劳动教育历来比较重视。犹太人认为，勤勉和懒惰很少来自一个人的本性，甚少有人一生下来就是辛勤的工作者，也很少有人天生就是懒惰虫，而大多数人的勤勉或懒惰都是习惯所致。此外，跟孩子幼年时期的家庭环境以及所受的教育都有很大关系。

犹太人对孩子勤勉习惯的培养是从小开始的，而且是从家务劳动开始的：孩子三岁时，就可以去洗衣房送脏衣服，帮助父母收拾房间；四到五岁时就要帮助父母洗碗、浇花、整理饭桌等；从六岁开始，就要自己整理房间、洗衣服、擦地板等。犹太人把劳动与挣钱联系起来。他们认为，只有勤勉才会赚钱，才能有生活的能力。因此必须从小训练孩子劳动的能力。

美国早期的教育专家建议父母尽早让孩子帮忙做一些简单的家务劳动，以培养孩子的生活能力和动手能力。他们认为，四五岁的孩子就已经具备了完成简单家务劳动的能力，而且孩子还会觉得做家务劳动是很有趣的事情。所以，父母要充分信任孩子，给他们创造条件，让他们去独立完成某一项工作。

美国教育专家根据孩子不同年龄段的特点，告诉家长：

首先要让孩子意识到自己的重要性。孩子在做家务时，会渴望引起大人的重视。因此，家长就可以告诉孩子，他们的劳动对父母有很大帮助。

要给孩子选择家务劳动的权利，让他自己选择喜欢做的事，这样他就会积极主动地去做。

父母应该给孩子做一个示范，教孩子怎么去做，家长可以把每一样工作都做好，给孩子做出榜样。

对孩子所完成的工作不要挑剔，不要苛责，要给予恰当的表扬和鼓励。

在美国，人们很重视孩子动手能力的培养。有一年普林斯顿大学竟然录取了一个推销饼干的学生：很多学生在超市门口向人们推销饼干，但是卖出去的量很有限。有一个孩子异想天开，竟然闯到一家大公司，点名要见CEO，见到之后，孩子拿出几盒饼干，开始向CEO推销，这个孩子从饼干的美味讲到卖饼干的钱是用来资助贫困孩子的，又讲到公司可以利用这件事扩大自己的影响。

这个孩子的胆识和智慧感动了这个CEO，于是他就订购了大量的饼干。这个孩子推销饼干的事传了出去，普林斯顿大学发现这个孩子具有潜在的领导素质，于是录取了他。

这就是孩子在劳动中产生的智慧。

怀特·戴维·艾森豪威尔是美国第三十四任总统，他从小受父母的影响，养成了百折不挠、吃苦耐劳的精神。他的父母从不溺爱孩子，孩子在很小的时候就被要求做家务，男孩还要做饭、打扫卫生。父母为家庭成员制定了严格的家规：早上六点必须起床，晚上九点必须上床睡觉。艾森豪威尔家旁边有一块空地，春天的时候，父母带着孩子在地里种上很多蔬菜，等秋收的时候，几个孩子负责把蔬菜运到城里去卖，然后用卖菜的钱买他们需要的学习用品和衣服。

怀特·戴维·艾森豪威尔

母亲常常教他们做饭，开始他们做得很不好吃，后来练得多了，艾森豪威尔还学会了几道拿手好菜。

父母一方面严格要求孩子，随时纠正他们的各种毛病；一方面，父母以身作则，为孩子做出了很好的示范。父母的言行给了他们很好的教育，使他们懂得了只有通过艰苦的劳动，才能改变和创造生活。

亨利·福特是美国著名的汽车大王，为美国汽车工业的发展创造了奇迹。他的成功受惠于母亲对他的培养。

亨利的祖父是从爱尔兰移民到美国的，亨利的母亲是一个农场主的女儿。亨利是家中长子，家里还有五个弟弟妹妹。母亲承担了家里几乎所有的家务。亨利不得已要经常帮助妈妈做一些家务劳动。但是，他不喜欢干这些家务活，有时候还没干完就偷偷溜走了。有一天，母亲把他叫到面前，平静地对他说："亨利，我知道你不愿意做这些事，可是这些工作恰恰是你必须要承担的。你这也不愿意干，那也不愿意干，总想逃避，将来会一事无成。作为一个男子汉，首先要学会适应生活，挑战生活，战胜生活中的一切困难。"

母亲中肯的话语和严厉的语气让亨利有所震撼，他开始细细地品味着母亲的话。七岁时，亨利开始去学校读书，每到农忙时，学校高年级的学生就要放假，回家帮助大人收割庄稼。所以，在亨利的记忆里，自己的童年总是有干不完的活。

家务劳动让亨利养成了善于思考的习惯，也磨炼了他不怕困难的品质。慢慢地他开始对机械产生了兴趣。

一天，他进城给家里买东西，看见马路上有一辆车，没有用马拉着，而是靠自己的动力向前走。他骑马撵上这辆车，想看个究竟。原来车上有一台蒸汽发动机，亨利兴奋地跳上车，左看右看，研究了半天。

十七岁那一年，亨利离开了家，到城里一个铁路机箱制造厂工作。后来又去了一家大型造船厂。在船厂，他接触了汽油发动机，从此，他开始研究发动机，并把它用到了汽车上。

平日里的劳动培养了亨利勇于探索、不屈不挠的精神，也锻炼了亨利独立自强的品格。

在中国古代，劳动常常作为家训和家规的内容之一，成为子孙后代必须遵循的规矩。

明代教育家朱用纯（1627—1698）在《朱子治家格言》中提道：

黎明即起，洒扫庭除，要内外整洁；既昏便息，关锁门户，必亲自检点。一粥一饭，当思来处不易；半丝半缕，恒念物力维艰。

《朱子治家格言》也称《朱子家训》，全书524个字，围绕"修身""齐家"的宗旨，将儒家的教育思想融会到具体的安分守己、勤俭持家之中。其中"黎明即起，洒扫庭除，要内外整洁；既昏便息，关锁门户，必亲自检点。"既是治家格言，也是对孩子提出的劳动要求。黎明必须起床，打扫庭院，使之干净整洁。夜晚即刻休息，关好门窗，一定要亲自检查。让孩子从小养成劳动的习惯，长大后才会勤俭持家。

宋代著名的理学家、哲学家、诗人、教育家朱熹，写了一部《童蒙须知》，也称《训学斋规》，是朱熹为了培养后代和其他儿童良好的行为习惯而制定的行为规范。其内容对儿童的生活起居、学习、道德行为、礼节等做了详细的规定，涉及生活的方方面面，一共五大类。对儿童行为习惯的培养，朱熹有一套完整的想法，他说："夫童蒙之学，始于衣服冠冕，次及言语步趋，次及洒扫涓洁，次及读书写字，及有杂细事宜。皆所当知。今逐目条列，名曰童蒙须知，若其修身、治心、事亲、接物、与夫穷理尽性之要，自有圣贤典训，昭然可考。当次第晓达，兹不复详著云。"

朱熹

朱熹认为，儿童启蒙之学，应该从穿衣戴帽开始，然后是言行举止，然后是洒扫清洁，然后是读书写字，以及各种杂事，都应该懂得。因此他在《童蒙须知》中逐条列出。

朱熹很重视儿童劳动习惯的养成，在第三条中，他提出了让孩子做一些力所能及的家务劳动。"凡为人子弟，当洒扫居处之地，拂拭几案，当令洁净，文字笔砚，凡百器用，皆当严肃整齐。"这是说：孩子应该洒扫居处的地面，擦拭桌子茶几，使之干净整洁，书本笔墨等一切学习用具都应该摆放整齐。这些既是劳动习惯的培养，也是文明品行的培养。

### 童蒙须知里的五句精华

1. 凡着衣服，必先提整衿领，结两衽纽带，不可令有阙落。

——《童蒙须知·衣服冠履第一》

2. 凡行步趋跄，须是端正，不可疾走跳踯。

——《童蒙须知·言语步趋第二》

3. 凡为人子弟，当洒扫居处之地，拂拭几案，当令洁净。

——《童蒙须知·洒扫涓洁第三》

4. 余尝谓读书有三到：谓心到、眼到、口到。

——《童蒙须知·读书写文字第四》

5. 高执笔，双钩端楷书字，不得令手指着毫。

——《童蒙须知·读书写文字第四》

由此可见，对于孩子能力与品质的培养，劳动训练是很重要的一项。劳动可以磨炼一个人的意志，使他养成吃苦耐劳的习惯。尤其在当今社会，独生子女都是父母的掌上明珠，只要孩子学习好，父母什么都可以代劳。据调查，我国中小学生中，爱劳动、有较好劳动习惯的只占三分之一，多数孩子连洗自己的袜子、内衣，整理自己房间都由父母包办，更不要说其他劳动了。这其中家长的责任比较大，多数家长觉得孩子学业负担重，让孩子劳动怕耽误学习，所以就由家长代劳了。还有的家长担心孩子干不好，还不如自己干，结果孩子最后什么也干不了，连自理能力都丧失了。一些家长心疼孩子，怕孩子吃苦受累，于是劳动教育就被忽略了。

劳动教育的目的在于培养孩子做人的基本品质和基本能力，忽视了劳动教育，就是忽视了培养孩子尽早独立的机会。劳动习惯是与自立能力相连的。家务劳动时间是与孩子的独立性相关联的，很多事实证明，家务劳动时间越长，孩子的自立能力就越强。所以，家长必须认识到培养孩子劳动习惯的重要意义，教孩子一些劳动的知识和技能，给孩子制定一部参加劳动的家规；教孩子学会管理自己的生活起居等，这些方式都能激发孩子劳动的热情和自觉性。

## 二、实践

在清代,有一个名医,叫叶朝采,是江苏人。家里三代为医。由于叶朝采医术精湛,轻财好施,乡里人都很敬重他。他有一个儿子名叫叶天士,字桂,号香岩。叶桂自幼聪慧,读书过目不忘,深得家人的喜爱。受父亲影响,叶桂对医药非常感兴趣,每天都捧着医书看。有一天,叶桂正在看书,父亲走过去,对叶桂说:"孩子,读书固然很重要,但更重要的是实践,只有实践,才能把书本上的东西变成自己的。你从今天开始,跟着我一起去看病吧!"于是叶桂就跟着爸爸,爸爸给人看病时,他就在旁边认真听,然后他再去给病人把脉,回家以后,就把白天看的病人情况再与书上的内容联系起来,认真分析,记下笔记。就这样,叶桂一边学习,一边实践,很快就熟练掌握和运用《黄帝内经》等理论,并能独立给病人看病了。然而不幸的是,在他十四岁的时候,父亲突然去世。为继承家学,叶桂又拜父亲的学生为师,那位学生为感谢老师的栽培,对叶桂悉心关照和教导。叶桂也虚心好学,很勤奋,进步很大。而且他只要听说谁有专长,就虚心去请教,后来成为江苏一带名医,被人称为"天医星"。

叶桂虽然有了名气,但是他仍然记得父亲对他说的"只有实践才能真正把书本上的东西变为自己的"。一直坚持亲自给病人诊治,不断探索疑难杂症的治疗方法。有一年,当地流行了一场瘟疫，为了弄清楚瘟疫流行的原因，研究出控制的办法和有效的药物，他亲自到疫区考察患者的病情，终于搞清楚了是什么瘟病——那是由口鼻而入、侵袭肺部的一种热病。叶桂根据病情，辨证施治，设计出有效控制疫情的治疗方案，解救了无数人。后来，他根据临床经验创作出了《温热病》和《临床指南医案》。

叶桂所取得的成就，离不开父亲的教诲，父亲带领他亲自实践，才使他有机会把所学的理论与临床经验相结合，才能使他成为治疗温热病的一代宗师。

古往今来，很多名士贤达都非常重视实践活动。西汉时的杰出唯物主义思想家和教育家王充，有一部著作《论衡》，其中提出了一个命题："人有知学，则有力矣。"意思是：人有了知识和学问，就有力量了。以今天通俗的语言，即"知识就是力量"。王充反对生而知之，坚持学而知之，他认为，要想获取知识，就必须认真学习。

那么如何学习呢？王充说："须任耳目，以定情实"，否则，"如无闻见，则无所状"。"不目见口问，不能尽知也。"也就是说：学习知识，要靠自己的眼睛去看，靠耳朵去听，靠嘴巴求问，靠

与客观事物的接触去获得。他主张人们要想获得真知,要在感性的基础上,通过理性的思考来提高感性的认识,获得对事物的正确判断。

为了获得对事物的正确认识,王充强调人应该参加社会实践活动,他坚持唯物主义认识论的观点,认为人的社会实践活动越广泛,认识就越深刻、越全面,所获得的知识面也就越广博。他还用了一个生动的比喻:"涉浅水者见虾,其颇深者察鱼鳖,其尤甚者观蛟龙。足行迹殊,故所见之物异也。"这段话的意思是说,下水的深浅程度不同,所见的事物也不同。足迹所到的地方不同,所见景物也不同。因此,必须深入实际,勇于实践,才能获得真知。

王充是世界上最早提出"人有知学则有力"的教育家,他对知识分子的认同,在世界教育史上都处于领先地位。

南宋诗人陆游在教儿子学诗时,就对儿子说过:"纸上得来终觉浅,绝知此事要躬行。"意思是说:从书本上得来的知识终究是不完善的,要深入了解和认识事物必须亲自去实践。他与儿子谈自己的创作体会时也说:"汝果欲学诗,功夫在诗外。"意思是说:你如果想学习写诗,应该首先在书本之外的地方下功夫,也就是说想写好诗,必须多深入社会生活,在实际生活中获取灵感。这是陆游留给后代的至理名言。

宋代著名学者陆九渊也非常重视实践的作用,他认为实践首先可以从家务劳动做起，"处家遇事，须着去做"。

实践出真知，是所有智者的共同认识。西奥多·威廉·舒尔茨（1902—1998）是美国经济学家、芝加哥大学教授，是一位在经济学领域有许多开创性研究的经济学家。他的研究重点是发展中国家经济，提出了"穷人经济学"概念，他因此而获得1979年诺贝尔经济学奖。

他说过一段话对中国影响很大，"世界上大多数人是贫穷的，所以如果懂得穷人的经济学，我们也就懂得了许多真正重要的经济原理；世界上大多数穷人以农业为生，因而如果我们懂得农业经济学，我们也就懂得许多穷人的经济学。"这一段话，在2005年两会的记者招待会上，被当时的国务院总理温家宝所引用，并将这一理论引入政府工作中。

舒尔茨经常以自己的人生体验来教育孩子，他给儿子的信中，专门谈到了实践问题。信中说：

知识的重要性，每个人都知道，然而仅有知识是不够的，书中的东西，往往会瑕瑜参差，我们在学习中如果不辨真伪，并且在学习中不把知识与实际相结合，那么再好的知识也会成为一堆废物。

我们常说"知识就是力量"，然而这并不意味着有了知识就有了力量，而是要把书本知识通过实践变成能力和素质才行。这种知识才是力量。也才能在生活工作中发挥作用。否则，就是纸上谈兵。

舒尔茨在信中还给儿子举了诺贝尔物理学奖的获得者、加州理工学院教授费曼的例子，他说："费曼在科学上取得的成就，无不得益于他的动手实验能力和强烈的探究兴趣。"

童年时代，费曼就对各种实验特别感兴趣，十一岁时，就在自己家的地下室开设了一个"实验室"，在这个实验室里，他自己动手学会了电灯的并联和串联。学会了把酒变成水，并用这些学会的东西为小朋友们变魔术……

在获得诺贝尔物理学奖后，费曼感叹道："我获得诺贝尔奖的原因，全来自于那天我把注意力放在了一个转动的盘子上。"

舒尔茨语重心长地说："儿子，你亲身学习得来的知识，最容易引起心灵的震撼，也最容易被内化于心，长久地发挥巨大的作用。"

达尔文说过："一项发现如果能使人感到激动，真理就能成为他终生珍惜的个人信念。"而实践所学的知识，就能引发这种激动。

舒尔茨还谈到了杜威。杜威是著名的实用主义哲学家、教育家，反传统教育的旗手。杜威博士在19世纪末20世纪初，因开创了实验教学的先河而蜚声世界哲学界和教育界。杜威强调他的哲学是行动、实践，是生活的哲学。他曾说，在他的教育著作的背后，存在着一个思想，这就是颇为抽象的"知"和"行"的关系学说。杜威特别强调行动、操作，认为观念、知识都是从行动中获得的。由此，杜威提出了"教育即生活""学校即社会""从做中学"等一系列"知行合一"的教育纲领。他认为，教育过程和生活过程并不是两个过程，而是一个过程。最好的教育就是从生活中学习，不断在生活过程中学得经验和改组经验。他认为学校本身就是一个小型社会、一个雏形的社会，学校应把社会生活中必要的内容组织到学校教育过程中去。

"从做中学"的主张，要求学生从自身的社会活动中学习，按照这一思想，教学就是把东西交给学生去"做"，而不是把东西交给学生去"学"，知识总是与"做"相联系的，只有通过"做"而得来的知识，才是"真知"。

在行动中学习是学习的最高境界，用这句话来赞誉一代大师杜威的思想，最合适不过了。

最后，舒尔茨对儿子说："读书是学习，使用也是学习，而且是最重要的学习，因为读书学习的目的，全在于应用。不能把学到的知识应用到行动中去，知识就成不了力量，也成不了财富，知识只能是知识本身，所以你要加强把知识变成行动能力素质的培养与锻炼。"

舒尔茨在给儿子的这封信中，从哲学的角度阐述了知识与实践的关系，强调了实践的重要作用。希望儿子能做到"知行合一"。

其实，"知行合一"是我国明代哲学家王阳明首次提出来的，王阳明所谓"知行合一"主要是指人的道德意识、思想意念与实际行动的关系，后来用以指学习与实践的关系，即学习应与实践相结合。我国教育家陶行知就以此来给自己命名，但是陶行知认为"行"才是"知"的来源，因而自己称为"行知"。

舒尔茨不仅仅教育儿子要做到"知行合一"，他也是这样实践的。他自己的学习就是建立在观察现实的基础之上的。作为一名学者，他在研究中也始终坚持与现实相结合，经常到田间地头，与贫困地区的百姓交流，观察社会中的各种现象以及经济中出现的各种问题。从而为发展中的"穷人经济学"提供了很好的实践支撑。

今天来看舒尔茨给儿子的家信，重温中国古代经典理论与事例，对我们今天的家庭教育具有特别的意义。

我们今天的教育，相比之下，灌输知识的时间较多，而让学生独立思考、强化实践训练相对不足。《国家中长期教育改革和发展规划纲要（2010—2020）》强调指出："要坚持能力为重。优化知识结构，丰富社会实践，强化能力培养。着力提高学生的学习能力、实践能力、创新能力，教育学生学会知识技能，学会动手动脑，学会生存生活，学会做人做事，促进学生主动适应社会，开创美好未来。"

所以学校教育正在逐步加大实践教学的内容，但是作为家庭教育的一部分，实践教学还没有引起家长的足够重视。因此，作为现代家长，要充分认识实践在孩子能力培养中的重要作用，积极引导孩子在日常的学习和生活中，在长期的实践中锻炼自己的能力。

从古至今，读死书、死读书、书读死的错误时常发生：

战国时期赵国名将赵奢之子赵括，熟读兵书，但缺乏战场经验，不懂得灵活应变，只会空谈。赵孝成王七年（公元前260年）长平之战中，赵孝成王急于求胜，中了秦国的反间计，用赵括代替老将廉颇，廉颇对赵王说："赵括只懂得读父亲的兵书，不会临阵应变，不能派他做大将。"赵括的母亲也向赵王上书，请求赵王不要让他儿子去领兵打仗。赵母说："他父亲临终时说，赵括把用兵打仗看作儿戏，谈起兵法，眼空四海，目中无人。一旦大王用他为大将，赵军必会断送于他手里。"可是赵王一意孤行，根本不听劝阻。结果赵括一反廉颇的策略，改守为攻，主动出击，陷入秦军的包围之中，弹尽粮绝，自己被秦军乱箭射死，四十万赵军被秦军全部活埋。赵括的"纸上谈兵"，成为千古笑柄。

鲁迅笔下的孔乙己也是一个读死书、死读书、书读死的典型，所以他除了站着喝酒别无所能，最后穷困潦倒，在饥寒交迫、羞辱无奈中死去。

这些教子失败的事例，对我们所有的家长来说都是惨痛的教训。只会读书不去实践之人，无法立足于社会。对此，家长都应该引以为戒。

## 三、学以致用

"学"与"用"历来是教育的焦点,自从孔子提出"学而优则仕",读书者无不为此而努力。清末顾炎武提出"经世致用",张之洞又倡导"中学为体,西学为用","学"与"用"的教育理念经过漫长的历史发展,对中国的教育影响深远。

南北朝时期的教育家颜之推在《颜氏家训》中,提倡"实学",主张培养具有实际能力、专精一职的"应世经务"的人才。为此,他主张学贵能行,学以致用。反对教育严重脱离实际、培养那种"食古不化"于世无用的庸才。他讲过一个"博士买驴"的故事,说一个很有学问的人,写信请别人代他买一头驴,他自以为自己水平很高,信中不断卖弄文辞,"书卷三纸,未有驴字",也就是说这个博士写满了整整三张纸,也没写出一个驴字,看信的人不知所云。这个故事辛辣地讽刺了只会读死书的而脱离实际的所谓的"博士",也深刻地批判了当时教育的弊端。

北宋时期的科学家沈括,从小喜欢读书,而且兴趣广泛。他的父亲是一个地方官,常常被朝廷调遣,沈括从小就跟着父亲走南闯北。沈括生性爱动,每和父亲到了一个新的地方,他都好奇地东张西望,对于各地的风土人情和自然风光具有强烈的兴趣,走到哪问到哪,什么都想亲自尝试。他见过渔民在大海里捕鱼,看到古陕北农民自制的小油灯,欣赏过高山里山民种的火红的桃花。他把看到的、听来的一切新鲜事物都用一个小本记了下来。他把书本上的知识，和他所见到事物结合起来，通过自己不断的研究实验，获得科学常识。后来他把所记录下来的材料经过核实整理，编辑出版了我们今天所见到的《梦溪笔谈》。在这部书里，论述的内容从大自然到天文地理、地质、物理、数学、化学、气象、生物、医学等各方面无所不有。其中很多都是沈括在实践中得到的具有创造性的结论。而他自己，由于不断地在实践中探索和研究，将"知"与"行"真正地结合在一起，达到了学以致用的境界，因而成为具有多学科知识的科学家：他精通文学、水利、财政、考古等。而《梦溪笔谈》也成为影响深远的科学著作。该书在国际上也颇受重视，英国科学史家李约瑟评价其为"中国科学史上的里程碑"。

沈括的成长经历，再一次证明了学习必须与实践相结合才能获得真知的道理。

清代末年的思想家和教育家颜元，小时候被人们看成是一个"不可教"的浪子。颜元小时候家境贫寒，父亲早早过世，母亲改嫁。由于缺少管束，他常和一些小痞子在一起，沾染了一些恶习。直到十九岁那年，他遇到一个老师，叫贾端惠，在贾老师的严格管教下，他走上了正道，中了秀才。从自己的亲身经历中，颜元体会到了教育的作用。于是回到乡里办了一家私塾。当时的社会上，程朱理学大行其道，备受追捧。颜元读了很多朱熹的书，他刚回乡里时，一切都按照理学的要求来规范自己的行为。直到三十四岁那一年，他的养祖母去世，家里按照《朱子家礼》来操办着丧事，那一次，颜元真正体会到《朱子家礼》中所规定的礼节有多么烦琐和陈腐。受理学教育的学生不都是受害者吗？那种读死书的教育不等于在用砒霜杀人吗？这时颜元从理学的推崇者转变为程朱理学的批判者。

于是他把自己书房的名字"思古斋"改为"习斋"。"习"，是"习行"的意思，指边学习、边实践，从实践中获得知识。注重实际、主张"习行"就成为颜元后来教育思想的主要特点。颜元认为，一个人只有书本上的知识是不够的，真正的能力是在实践中获得的，这就好比学琴，只把琴谱背得烂熟，不会弹奏，就等于什么也没学。只有把知行统一起来，学以致用，才是真正学到了知识。

在中国古代传统教育中，一向尊崇的是"学而优则仕"，而对于农、工、医、商等行业比较轻视。因此很多教育脱离实际，教出来的学生空谈的多，会技能的少，多数只会写"八股文"。颜元认为，农工医商兵，都是国家和社会所需要的，没有这些方面的人才，国家就不可能强盛。于是他自己带头开始学农、学医，还研读兵法，逐渐把教学内容扩大到兵、农、水、工、天文、地理、财务、工艺等。在教学过程中，他亲自带领学生进行实践，锻炼学生的动手能力，把学到的知识与现实相结合，真正做到学以致用。

颜元对教育的大胆开拓，扭转了死读书、读死书的不良风气，对中国近代教育产生了很大影响。虽然他主要的贡献是在学校教育领域，但是他所倡导的学以致用的教育思想对家庭教育也有很大启发。

在一本家教故事书里，记载着一个日本实业家的家教故事，这个实业家名叫盛田昭夫。1946年，他同索尼公司的第一位创始人井深合伙创立了东京通信工业公司，并在数十年内将一个小工厂发展成为著名的国际大企业。

盛田昭夫的父亲是一位非常精明的企业家，从事酿酒业，父亲希望把儿子培养成一位实业家，所以，他在很早就开始对儿子进行这方面的教育。父亲认为，要读书，但是能把所学的知识用于今后的事业上，才是读书的目的。因此，在盛田昭夫十岁的时候，父亲就把他带到公司，让他看着自己工作的情景，学习自己是如何经营企业的。在冗长的董事会上也让儿子坐在身边，让儿子聆听自己在董事会上的讲话，学习如何与人商讨和处理问题。这种身临其境的实践机会，不仅使盛田昭夫对企业经营产生了浓厚的兴趣，而且使他眼界顿开，这都是课堂上学不到的呀！

上中学以后，父亲更是把他的课余时间排得满满的。不仅出席父亲的各种会议，还跟着父亲到工厂巡视。

中学毕业以后，盛田昭夫报考了理科，虽然没有按父亲的想法去学经济学，但是，父亲教给他的经营理念和实践经验促使他创办了自己的企业。

这个故事告诉我们读书必须与实践相结合，只有如此读书所得的知识才能发挥最大的作用。

# 第四章
# 尊重篇

仁者必敬人。——《荀子》

## 一、尊重孩子的天性

父母对孩子真正的爱是尊重孩子，这本来是一个很简单的命题，但是许多家长却都做错了。《庄子》里讲了一个故事：一天，魏王分别给庄子和惠子一些种子，并对他俩说："你们把这些种子种上，看你们俩谁的葫芦种得好和大，我给奖赏。"庄子和惠子欣然接受了。

为了种出又大又好的葫芦，惠子每天施肥、除草、浇水；而庄子只是每天到地里看看。可是，没过多久，惠子种的葫芦一棵一棵相继死掉了；而庄子种的却长得很茁壮，不断地开花结果，结出来的葫芦都很大。惠子觉得很奇怪，就去问庄子："先生，为什么我那么用心栽培，所有的苗却都死了，而你从来不曾好好管理，反而长得那么好呢？"庄子笑着回答说："你错了，我哪里是不管呀，只不过是与你的方法不同，我用的是自然之法，我经常去看它们长得如何，如果长得好，就不用管了，让它们自然生长就行了，而你却不顾它们的感受，拼命地浇水施肥，哪有不死的道理呀！"

许多家长就像惠子一样，很爱孩子，从孩子出生那天起就给予无微不至的关怀，不仅从吃穿住行上尽量满足孩子所有的物质要求，而且还把家长的意志强加到孩子身上，完全以自己的主观愿望来培养孩子，牵着孩子沿着自己的想法走，最终使孩子丧失个性，丧失自主意识和创造力，成为任由父母摆布的玩偶。

所以，爱孩子，要有理性，要尊重孩子的天性，尊重孩子的自主意识。冰心女士在几十年前就倡导："让孩子像野花一样自然健康地成长。"她强调父母对孩子的教育必须尊重孩子的天性和自然生长规律，只有这样孩子才能像野花一样茁壮成长。所以，从庄子和惠子养育植物的故事中我们应该受到启迪，给孩子们一个自由的、宽松的成长空间，让孩子快乐地成长。

早在明代，著名教育家、哲学家王阳明（1472—1528）就提出，教育最基本的要求就是要符合儿童的心理特征。王阳明指出："大抵童子之情，乐嬉游而惮拘检，如草木之始萌芽，舒畅之则条达，摧挠之则衰萎。"即是说一般小孩子的天性，是喜欢玩耍而害怕管束，这就如同草木开始发芽一样，如果让其自由生长，就会生长顺畅繁茂，而如果加以管束蹂躏，那么就会衰败而死亡。

王阳明

在我国古代，宋朝以后曾有蒙馆，就是从事启蒙教育的学校，一般是五六岁入学，在此进行三四年的教育，蒙馆的老师称为蒙师。王阳明曾经描述过蒙馆的情况："若近世之训蒙稚者，日惟督以句读课仿，责其检束而不知导之以礼，求其聪明而不知养之以善，鞭挞绳缚，若待拘囚，彼视学舍如囹圄而不肯入，视师长如寇仇而不愿见……"这个蒙馆，就不顾学生的天性，一味地强迫学生死读书，严加管束的手段就是体罚。结果，在学生眼里，学校就是牢狱，老师就是仇人。这是典型的中国封建时代的启蒙教育。根据儿童的特点，王阳明认为，"鞭打""拘囚"式的错误在于它不顾儿童的天性，不符合儿童的心理，违背了儿童教育的规律；其结果是压抑和损害了儿童的心理健康，抑制了儿童的智力发育。而合理的教育方式应该是："今教童子，必使其趋向鼓舞，心中喜悦，则其进自不能已。譬之时雨春风，霑披卉木，莫不萌动发越，自然日长月化，若冰霜剥落，则生意萧条，日就枯槁矣。"这是说，教育儿童，必须从他们的天性出发，使他们学得高兴，才能激发他们学习的积极性，他们才会进取不停。得体的教育方式就如同春风化雨，而不恰当的教育方式则如冰霜雪打，终会使其萧条枯槁。所以，王阳明主张对儿童的教育，要尊重其天性，他认为，每一个孩子有其不同的天资和个性，因此，对孩子的教育不可用一个模式，而应当根据每一个孩子的特点和个性"随人分限所及"，进行教育。也就是说，要根据孩子的能力都能达到的限度来量力施教。儿童的精力、身体、智力等方面都是在逐渐发展的，即所谓"精气日足，筋力日强，聪明日开"。这是王阳明提出的教育原则，教育教学必须根据儿童的身心发展程度，不可过分超越。就像给树苗浇水，"若些小萌芽，有一桶水，尽要倾上，便浸坏了他"。

王阳明根据儿童的心理特点和自己的教育理论，给蒙学教育制定一套全新的教育教学模式：先考德，次背书诵书；次习礼，或作课仿。他所设计的教学形式丰富多彩，教学方法生动活泼，极大地激发了孩子们学习的积极性，形成了老师乐于教、学生乐于学的新局面。

王阳明是世界上最早从心理学角度研究教育的，而且对中国古代儿童教育做出了重大贡献，在中国教育史上具有特殊的地位。

"有些你以为坏的东西或许会激发你孩子的才能,有些你认为好的东西或许会使这些才能窒息。"这是法国著名作家夏多布里昂的一句名言。

美国人很爱孩子,但是他们并不围着孩子转,我们经常看到很小的孩子,父母就让他们自己干自己的事,如吃饭、走路。在火车站或飞机场,孩子们都是自己拉着箱子走。他们跟大人一起出行,经常是一路走一路玩,并没有家长不放心地跟着他们或者呵斥不允许他们玩。玩耍,是所有孩子的天性,美国的父母非常尊重孩子的这一特点,他们认为这是孩子在这个年龄段最重要的事。美国的孩子玩耍和体育活动的时间比较多,所以他们的身体也普遍比较健壮。

在美国的学校里,老师上课并不要求孩子端端正正地坐着,甚至手都要背到身后去。学生们很随意,怎么坐都可以,只要不出声,听老师讲课就行。而且老师还鼓励学生多玩,玩得开心。

有一天,约翰给儿子抓了一条毛毛虫,装到瓶子里送给了儿子。第二天,儿子就把这条毛毛虫带到了学校,在老师上课的时候,他对老师说:"老师,您看,这是我爸爸送给我的礼物。"

老师停止了讲课,来到小约翰身边,认真地看着瓶子里的毛毛虫,对小约翰说,"你爸爸送的礼物真好。可以让同学们和你一起分享吗?"小约翰高兴地说:"当然可以。"于是老师就让同学们一起来看毛毛虫,并给同学们讲了毛毛虫是怎样生长的,它的习性是什么。老师还给同学推荐有关昆虫的书籍。

这一节课,小约翰高兴极了,同学们玩得也很快乐。小约翰从此开始喜欢研究昆虫和小动物了。

孩子们最崇拜的爱迪生，小时候对学校的教育很不适应，只上了三个月小学就回家了。但是，他有一个懂教育的母亲，母亲认为儿子是聪明的，只是学校的教育方式不适合他。

在爱迪生九岁的时候，母亲让他看一本书，叫《自然哲学的学校》，这是他第一次看这类书籍。书的内容是让读者们在家里做一些简单的实验。爱迪生如获至宝，如醉如痴地将这本书读完，做了里面所有的实验，然后他开始自己设计自己的实验。他买来化学制品，四处搜寻电线之类的工具，在卧室里建起了一个实验室，开始了他对科学的探索。

美国的父母极为尊重孩子的个性和各种应有的权利。他们和孩子平等相处，并且能尽量去满足孩子的意愿，支持孩子去做有开创性的事情。他们认为，不能把孩子管得太"死"，如果管得太规矩了，孩子的天性与创造性就被扼杀了。美国某大学研究教育心理学的专家说："创造力比较强的孩子一般都有让大人不好接受的毛病。比如顽皮、淘气、自由不受管束，总有超常规的行为，或是做事情总带有玩笑的态度。"

有这样一个故事：有一个孩子，在学画画，父亲让他画太阳，他画了一个蓝色的太阳，父亲问他，"你怎么把太阳画成蓝色的呢？"孩子说："我画的是海里的太阳。"父亲立刻拍手称好，说："好极了，你太有想象力了。"

还有一个故事：在一个幼儿园里，老师在教孩子们画苹果，一个孩子画了一个蓝色的大苹果，老师爱抚地摸着孩子的头说："画得真好！"有人问老师："那孩子用蓝色的笔画苹果，你怎么不纠正他呀？"老师说："我为什么要纠正他，也许他以后真的能种出蓝色的苹果呢！"

由此可见，美国的父母和老师对孩子极其宽容，允许他们淘气，甚至离谱，只为尊重孩子的想象力和创造力。

与美国家长的教育理念相比，我们有些拘谨了，我们对孩子的管教完全是遵循家长的意志。上述几个故事如果发生在中国当下的家庭中，家长的做法会与之相反：第一，不可能让孩子去玩毛毛虫，会认为虫子很脏；老师也绝不会允许学生把它带进课堂，更不能允许同学们一起玩毛毛虫。第二，如果学校老师认为某个孩子愚笨不可教，那家长可能就会指责埋怨孩子，从而使孩子破罐破摔，也就不可能有大发明家产生。第三，学生画画，明显与常理相违，我们可能就会去纠正孩子的"错误"，那么孩子的想象力和创造力就会被扼杀了。

我们经常听到家长抱怨自己的孩子太调皮、太淘气。他们自认为很无奈，在家里不停地管教、呵斥孩子。老师也因为学生淘气，时不时就把孩子家长找来训责一番，然后家长回家再把孩子训责一番甚至拳脚相加。

这些做法都在慢慢地摧毁孩子的天性，当一个孩子的自由活动受到了限制，当孩子听到的都是对自己的批评和训斥，那孩子不仅创造性的思维受到压抑，而且对自己的未来和整个人生都会失去信心和兴趣，在父母和老师的严格管教下毁掉一生。

所以，父母应该允许孩子在一定程度上淘气，让孩子自由自在地去遐想、去创造。

## 二、尊重孩子的兴趣

兴趣，是孩子成功的第一任老师。犹太人如是说："兴趣是儿童对某种事物的欲望，如果人对某一事物有了欲望，那他就会从内心的深处去争取喜欢的事物，才会不知疲倦，感到快乐！"

西班牙著名艺术家毕加索（1881—1973），从小就对画画有着浓厚的兴趣，同时又对剪纸很着迷，四岁时就凭着自己的想象力剪出各种动物和花卉。可是，当他被送进学校，却不断地遭到老师的训斥，同学们也认为他是"白痴"。因为他除了美术课外，其他的课都不愿意上，上课捣蛋是他每天都会做的事。所有的课本都被他画上了各种动物和人。由于他上课不专心听课，还曾被老师关进禁闭室。老师以为毕加索会在禁闭室反省自己的过错，可是他竟然在安静的无人干扰的禁闭室里画起画来，以至于画到了忘我的程度。当老师放他出来时，他还有点恋恋不舍。从那以后，他上课更是经常捣乱，希望老师再关他禁闭。因此同学们都嘲笑他是"白痴"。

在毕加索眼里，什么都是枯燥无味的，除了画画。上课对他来说是一种煎熬。所以他不断地向老师请假"去洗手间"，在教室外面闲逛到无聊时，再返回教室。

一次课堂上，他突然问老师说："我能为您画像吗？"引起同学们哄堂大笑。老师气愤地说："什么，你要给我画像？你还是去洗手间吧！"

毕加索的父亲很懂得尊重孩子，他看到毕加索这种状态，就做了一个决定——不再让他待在学校里为他不喜欢的课程浪费时间了。于是把他送到了当地一所很有名气的美术学校，并亲自担任儿子的老师。在美术学校，毕加索好像鱼儿得水一样自适；他的画画兴趣得到了极大发挥，可以一连几个小时坐在教室里画画。最后毕加索终于成为世界上著名的画家、雕塑家，现代艺术的创始人，西方现代派绘画的主要代表；他的作品数量约达六万件，仅油画就有万件以上。

毕加索作品

犹太教育专家归纳毕加索成功的一个最根本的原因，就是父亲对他兴趣的尊重。

美国曾对两千名著名的科学家进行调研，发现他们很少是为了生计而学习和工作，他们基本上都是对某一领域有强烈的兴趣，而且不计名利，他们的成功与兴趣基本都有直接的关系。

诺贝尔奖的获得者，以色列女作家戈迪默，小时候最大的兴趣是听妈妈给她讲故事，她常常静静地趴在妈妈的腿上，非常认真地听着。妈妈见她这么喜欢听，就每天给她讲一个故事。慢慢地在妈妈的故事里，小戈迪默的作文水平不断提高，经常在各种竞赛中得奖。母亲也因势利导，鼓励她大胆地去创作。后来，戈迪默在回忆自己走上文学创作之路的经历时说："是母亲的故事成就了我。"

爱因斯坦三岁的时候，有一天，母亲波林在弹着钢琴，行云流水般的琴声吸引了小爱因斯坦，他情不自禁地站在母亲身后，静静地听着母亲的琴声。母亲温柔地问他："好听吗？"爱因斯坦没有回答，他还太小了，不知道怎么回答妈妈。但是从此以后，他对音乐开始入迷，在他六岁的时候，妈妈就让他学习小提琴，虽然爱因斯坦后来并没有成为音乐家，但是他对音乐的兴趣与感受力帮助他解决了很多难题，小提琴也陪伴了他一生。

年轻时的爱因斯坦

在美国图桑地区，有一个非常有名的冷饮店，柜台里摆着琳琅满目的各种冰激凌，而且都是用各种植物和香料配制而成的。冰激凌店的老板是一名工科的硕士。

工科硕士为什么会当冰激凌店的老板？原来，就是因为小时候的一个梦想。

老板家中有兄弟两个，老板身为弟弟，小时候最喜爱吃冰激凌，但是每次买来哥哥都和他抢着吃，有时为了和哥哥抢冰激凌吃，他还常常被哥哥打一顿。可是爸爸却从不管教哥哥，而是意味深长地说："无论做什么，都得付出努力，用自己的能力去得到它。"爸爸的话，激发了孩子的信心，他心想，长大了，一定要自己开一个冰激凌店，想吃多少就吃多少。

后来，老板长大了，并且拿到了工科硕士学位，成为一名工程师。可是小时候开冰激凌店的梦想一直萦绕在他的脑海里，挥之不去。他后来就下定决心放弃了所有的一切，只身来到美国最炎热的"沙漠火地"——亚利桑那州，开了一个配方独特的冰激凌店，实现了他的梦想。经过几年的努力，他的冰激凌店逐渐发展成为一个连锁店。老板感慨地说："我为我的冰激凌店而骄傲，不只是因为他给我带来了财富，更重要的是它给我带来了精神上的满足，它让我相信，梦想可以变成现实。"看来，兴趣很重要。

黑格尔早就说过："兴趣，是引人走向成功的一把钥匙。"

莎士比亚也说："学问必须合乎自己的兴趣，方可得益。"

我国古代著名的天文学家张衡，早在东汉时期就发明了地动仪，这一成果早于西方一千多年，成为世界之最。这也是源于张衡的兴趣。

张衡小的时候，最喜欢数星星，每当夜幕降临，他就抬着小脑袋一颗一颗地数着天上的星星。奶奶笑着对他说："傻孩子，天上的星星那么多，你哪里能数得过来呀。"可是张衡仍然天天如此。有时为了弄清楚某颗星星在夜晚的变化，他常常睡觉到半夜就爬起来，跑到外面昂着头，一看就是大半夜。等他稍大一点，带着对天象的兴趣，他开始研究有关天文方面的书籍，终于在不断研究积累中完成了地动仪的发明，成为我国古代著名的天文学家。

明代著名的医药学家李时珍，以其药学专著《本草纲目》而获得"药圣"之称。受到国内外人们的推崇和赞誉。

李时珍出生于医学世家，祖父与父亲都是当时有名的医生。受家庭的影响，他从小就对医药产生了浓厚的兴趣。希望长大以后也像父亲一样，当一名医生。可是父亲不同意儿子的选择，因为在当时，在世人的眼里，行医只是方技，是小道，被视为贱业，不能立身扬名，父亲不想让儿子步自己后尘。他希望儿子能考取功名，换得一官半职，光耀门庭。他对李时珍说："孩子，好好读书吧，哪怕考个秀才，也比爹现在强。"年幼的李时珍为了不违父命，只好违心地去读书，在他十四岁时，终于考上了秀才。可是当他应试举人时，一连考了三次都没有考中，这让他心灰意冷。本来对功名就没有兴趣的李时珍决定放弃科考，还是回家跟着父亲学医。

李时珍

为了表达自己的意愿，他给父亲写了一首明志歌，希望父亲能理解他，歌中写道："身如逆流船，心比铁石坚，望父全儿志，至死不怕难。"父亲见他意志坚定，就不再阻拦，而是给李时珍提了一个条件，父亲说："行医是一门学问，学习的过程是很艰苦的，需要有恒心和毅力，还要有医德；你必须非常勤奋，不怕吃苦，才能成功，你能做到吗？"李时珍赶紧回答父亲："爹，您放心，我一定能做到。"

从那天开始，父亲尊重李时珍的想法，每天出诊都带着他，还常常带他到深山老林中去采集草药。父子俩经常在一起研究病例，尝试草药的疗效，研究草药的配方等。在父亲的指导下，加上兴趣与勤奋，李时珍进步很快，不久就可以独立行医了。他以自己的行医实践，不断深入研究中草药的功效和价值，不断积累，用了二十七年的时间，完成了中国古代医药学之集大成之作《本草纲目》。

没有父亲对李时珍兴趣的尊重和理解，世间就不会有李时珍。

同治十一年（1872），十二岁的詹天佑留学美国，为中国所派的首批留学生之一。光绪七年（1881），他毕业于耶鲁大学。回国后，詹天佑身为中国铁路公司工程师，参与修建了中国历史上第一条铁路——京张铁路，而且在青龙桥段设计出了人字形的铁轨。很多国外技术专家无法解决的复杂的技术问题，詹天佑都解决了。他还为国家培养大批铁路建筑方面的人才。他先后成为英国土木工程师学会和美国工程师学会会员，清廷也授予他为工科进士第一名。

他从小就对机械感兴趣，家里的闹钟不知道被他拆过多少回。正是他的兴趣，促使他努力学习钻研，取得了别人无法企及的成就。

从这些成功人士的成长中，我们清楚地看到，兴趣在孩子的成长中起着巨大的作用，也是孩子成才的动力。曾经有人说过这样一句话："任何一种兴趣都包含着天性中有倾向性的呼声，也许还包含着一种处在原始状态中的天才的闪光，可以说，一切的开始都始于兴趣。"因此，尊重孩子的兴趣，培养孩子的兴趣是家庭教育中的重要环节。而我们现在的很多家长恰恰对此有所忽略，在规划孩子未来的发展时，很多家长基本不会考虑孩子的兴趣，而完全按照自己的兴趣和愿望，凭着自己的判断来规划孩子的未来。特别是在学习方面，家长干涉得最多。其实当孩子对某一专业或学科表现出浓厚的兴趣时，他就会给自己的未来规划定位，会给自己的未来创造美好的梦想；那么他在追求自己的梦想时会享受到无比的快乐，哪怕这个实现过程很艰难曲折，他也会为此奋斗不息。反之，如果家长过度干涉，强迫孩子去做不感兴趣的事，那就会严重挫伤孩子的自尊和自信，使孩子对学习失去兴趣，甚至产生厌倦。最终可能会毁掉孩子的一生。这样的惨痛教训，古已有之。

明代第十五位皇帝明熹宗朱由校，本来是心灵手巧的工匠之才，他对制作木器有极大的兴趣，经常自己手持刀锯斧凿之类工具，制作木器。还亲自设计制作了当时绝无仅有的木制折叠床，可以移动和携带，还亲自在床架上雕刻各种花纹，美观大方，令当时工匠叹为观止。当他兴之所至时，便忘了治国理政之事，而奸臣魏忠贤正是利用了皇上的这一特点，往往在皇上引绳削墨时，来请皇上批示公文，熹宗兴趣正浓，不愿意放下手中的工具，就全交给了魏忠贤办理。魏忠贤便利用手中的权力，大肆排除异己，擅自专权。明熹宗的兴趣并不在治国理政之事，因而将国家推向危险的境地。

唐五代时，南唐后主李煜，是一个不可多得的文人才子，他喜好听曲填词，醉心于诗书山水之间，他给自己起了绰号"钟隐"，"莲峰居士"，他所追求的人生理想就是当一个渔翁般的隐士。可是却身不由己，做了皇帝。当了皇帝以后，他始终没完成从词人到皇帝的转变，在皇宫里仍然吟词弄墨，歌舞升平，无心国事。最终被宋兵俘虏，成了亡国之君。前人评说："做个词人真正好，可怜薄命做君主。"

所以，我们要尊重孩子，尊重孩子的兴趣，从孩子的实际出发来规划孩子的未来。当然，孩子兴趣也需要培养。老幼皆知的童话故事《海的女儿》和《卖火柴的小女孩》创作者安徒生，就是由父母带到童话世界的。

安徒生出身很苦，他的父亲是一位鞋匠，但是喜欢文学，受到过良好的教育。母亲是一名洗衣妇。因为家里贫穷，安徒生小时候经常受到富人子弟的欺辱，为了安慰孩子，父亲就给他讲故事听。讲得最多的是《一千零一夜》中的故事和莎士比亚戏剧。

因为家里穷，买不起玩具，父亲望着儿子天真渴求的眼神，很是内疚，于是就用木头给安徒生雕刻了几个玲珑的木偶，小安徒生如获至宝，高兴得又蹦又跳。看着兴奋的孩子，父亲又说："你看他们还都没有衣服穿，你去找妈妈要几块布来，我们给木偶做衣服吧。"小安徒生立刻到妈妈那里选出了几块布料，在妈妈的帮助下，他们给小木偶缝了几件衣服穿上。穿上衣服的小木偶摆在眼前，像小演员一样。爸爸又突发奇想，与安徒生玩起"演戏"的游戏来。他们还找来剧本，背上台词，还真有演员的味道。从此，安徒生开始迷恋上戏剧。对童话和戏剧中的故事情节产生了浓厚的兴趣。在他十一岁时，父亲去世。在妈妈的要求下，他来到了哥本哈根，在那里走上了创作的道路。

父亲的故事与戏剧游戏，培养了安徒生的兴趣与爱好，启发了安徒生的潜质，这些都是他走上创作之路的原动力。

所以，我们在尊重孩子的基础上，要积极引导和激发孩子对生活、对学习的热情，鼓励孩子多参加一些课外的文体活动和科技活动，培养良好的对自身发展有益的兴趣。并且要自觉抵制不良的、危害孩子身心健康的兴趣，如沉溺于电子游戏等。诸如此类，家长是一定要干涉的。

## 三、好奇心

兴趣与好奇心，是一对孪生兄弟。好奇心，是每一个人都有的，未成年人的好奇心更为强烈，更为广泛。这种最初的好奇心会激发他们去探索的强烈兴趣，而这种强烈的兴趣，就是他们未来成功的基础。所以，鼓励孩子的好奇心，是有效激发孩子兴趣的一种方式。

美国的父母对孩子的好奇心格外珍惜。塞缪尔·约翰逊说："好奇心是智慧富有活力的最持久、最可靠的特征之一。"

一个朋友的儿子，今年四岁了，活泼可爱，聪明伶俐。但是很顽皮，最让朋友头疼的是，儿子经常把家里的东西破坏得一塌糊涂，玩具、钟表、电话，他都没有放过。为了制止儿子的这种行为，朋友经常教训他。但是孩子擦擦眼泪又去重复犯过的"错误"。

其实，这个孩子的行为完全是一种强烈的好奇心所驱使的，在孩子的眼里，电话里为什么可以听到妈妈的声音？钟表为什么会发出滴答滴答的声响？玩具汽车为什么可以遥控？这些问题都是谜。所以，他要自己动手看个究竟。所以，不应打骂和制止孩子，而是应该正确地引导这种正常的行为。孩子能自己动手，这是孩子成长过程中的一个进步，是促进孩子智力发育的最好办法。因为动手可以刺激脑细胞的发育。

苏联一位教育家说过："儿童的智慧在他的指尖上。"乔布斯小的时候就有很强的好奇心，家里的东西几乎都被他拆过数遍。正是他强烈的好奇心促使他产生了探寻科学领域的兴趣，因而成为世界著名的商业家。

居里夫人有一句名言："好奇心是人类的第一美德。"

爱迪生说："谁丧失了好奇心，谁就丧失了最起码的创造力。"

德国父母认为，孩子的好奇心是天生的，因为他们知道的东西太少，对外界的事物都很陌生，所以，他们会提出无数个为什么，对一切都感到新奇，所以才会想去尝试。爱护和鼓励孩子的好奇心，是父母的责任和义务。当孩子的心灵发育时，他们总是用好奇的眼光去捕捉心中闪烁的智慧火花。

威廉·莱姆塞是英国著名的化学家，1904年，因发现了气态惰性元素，并确定了它们在元素周期表中的位置，而获得诺贝尔化学奖。是好奇心促使他走向科学的殿堂。

在一个寒冷的冬天，小莱姆塞坐在壁炉旁看书，在他抬头的瞬间，他被壁炉里的火苗吸引了，那闪着蓝色光焰的火点，很快就扩大成一片橙色的火团，他情不自禁地把手伸向了火团，又尖叫一声缩了回来——燃烧的火团灼伤了他的小手。

母亲听见他的叫声，赶紧过来，看着他那被火灼伤的红红的小手，心疼地说："孩子，你怎么这么不小心，很疼吧？"小莱姆塞顾不上疼痛，看着燃烧起来渐渐化为灰烬的木头，赶紧追问母亲，"妈妈，木头为什么会燃烧？""那是因为有空气呀！"母亲回答说。

"什么是空气，我怎么看不见？"对母亲的回答，小莱姆塞越发地好奇。对孩子的问题，母亲不知如何回答。这时父亲走过来，小莱姆塞对着父亲紧追不舍："爸爸，你快告诉我，空气是什么，为什么木头会燃烧？"爸爸看着儿子好奇而渴望的目光，一点一点地给他讲起，什么是空气，空气里含有氧气，还有二氧化碳；木头的燃烧是因为空气中有氧气等。儿子没有满足，又接连提出了一连串的问题。爸爸已经无法解答儿子提出的问题，就去书房给小莱姆塞找来一本科普读物，交给儿子，让他自己去读。爸爸说："科学是无止境的，很多问题都需要科学家去探索和研究，如果你还没找到你要的答案，那你就好好读书，将来你自己去解决。"

"那好吧！"小莱姆塞郑重地说。从此，对一切都充满好奇的莱姆塞在化学领域中不断探索。

当孩子对某一事物或现象产生好奇心理时，孩子的智慧也会随之开发，家长及时的鼓励，会增强他们探索事物的兴趣与信心。同时会扩大他们的知识范围，启迪他们的心智。

威廉·莱姆塞是英国化学家。莱姆塞1852年10月2日生于英国的格拉斯哥。他不仅是一位科学家，而且还是一位学识渊博的语言文学家。他精通英语、德语、法语、意大利语等多种语言，从小就有"神童"的美誉。

1898年的一天，莱姆塞和助手在实验室里做实验时意外地发现——注入一种稀有气体的真空管不但导电，而且还会发出美丽的红光！莱姆塞和助手惊喜不已，便把这种能够导电并发出红光的稀有气体命名为氖气。后来，他相继发现了能发出白光的氩气，能发出蓝光的氪气，能发出黄光的氦气，能发出深蓝色光的氙气……

1912年，法国科学家克洛特利用惰性气体制成了世界上第一支商用霓虹灯，引起了极大的轰动。随后英、美各国纷纷效仿。在20世纪30年代初，我国上海也出现了霓虹灯。

古希腊人非常重视对孩子好奇心的培养，他们认为好奇心是促使人前进的动力，而一颗好奇心往往能造就一个杰出的人才。古希腊的哲学家亚里士多德指出："思维自惊异和疑问始。"所以，他们经常鼓励孩子："如果你好奇，就提出疑问。"

亚里士多德出生于古希腊的移民区弗拉基亚，在他三岁的时候，他在附近农庄看到农民种地，回来就问父亲："为什么农民要把好好的豆子扔到地里？"父亲告诉他："农民扔到地里的是种子，他们是把种子种到地里，等到秋天就会结出更多的豆子。亚里士多德心里想：那豆子怎么会长出来呢？但是，他并没有再问父亲。而是向父亲要了一把豆子，然后找到一些土，也像农民那样把豆子种到了一个盆子里。过了几天，亚里士多德按捺不住好奇，就用小手去把豆子扒了出来，然后又用土埋上了。就这样每隔几天亚里士多德就扒开一次。爸爸说："你这样做豆子会死掉的。"亚里士多德昂着头说："我是想看看豆子是怎么长出来的，不这样做我怎么能看得到呀？"爸爸就没再说什么。他给孩子留下了充分的空间让孩子自己去探索，他很清楚，一个自由的开放的空间对于一个喜欢探索的孩子有多么重要。

果然，这个喜欢提问的孩子后来成为希腊著名的哲学家和教育家。

好奇，是希腊人最大的特点。他们所创造的世界文明多来自于好奇。

古希腊著名的数学家和物理学家阿基米德，小时候就是一个特别喜欢提问题的孩子，他的好奇心非常重。他的父亲是古希腊著名的天文学家和数学家。父亲很明白，儿子有好奇心是好事。但是需要加以引导。所以，父亲经常带儿子去动植物园，观察动物和植物的生长状况，以此来激发孩子的好奇心，培养他探索自然的兴趣。

小阿基米德对自然界的一切都感到很新奇，他总是向父亲提出各种问题，看到天上有鸟在飞，他都会问："鸟为什么会飞呀？"父亲每一次都非常耐心地回答儿子提出的各种问题。

父亲还特别注意引导儿子观察日常生活中的各种现象。并且引

导他做各种实验，如，在白开水中加入白糖，儿子问："在水里怎么看不见白糖了？"父亲让儿子喝一口白糖水，告诉儿子："这就是溶化。"父亲还让儿子养小蝌蚪，观察小蝌蚪进化的过程；让儿子种豌豆，观察豌豆苗是怎么生长的。

就这样，小阿基米德的想象力和思维能力得到了极大提高，而且还养成了善于思考、勇于探索的好习惯。

阿基米德在洗澡时，坐在浴盆里，感觉自己的身体在向上浮，根据这个现象，他发现了浮力。

长大了的阿基米德成为古希腊的一位名人，爸爸的培养、他的好奇心都起了巨人的作用。从阿基米德的成长经历中，希腊人更进一步认识到：好奇，是知识的萌芽。所以他们更加珍惜孩子的好奇心，更加认真地对待孩子提出的每一个问题。

诺曼·拉姆齐是美国著名的物理学家，1989年获得诺贝尔物理学奖。拉姆齐小的时候，就对外界充满好奇，在他四岁的时候，母亲带他去科技馆，当他看见玻璃窗里的火车头、蒸汽机、轮船等，惊讶不已。不断地问妈妈"轮船在水里是怎么浮上来的？""火车怎么有那么大劲能拉走那么多车厢？"等一连串的问题，问得妈妈不知如何回答。

为了满足孩子的好奇心，妈妈每周都带他去科技馆、博物馆，每次小拉姆齐都提出各种各样的问题。爸爸发现他对机械科技方面的探索有极大的兴趣，于是，爸爸就在家里给拉姆齐准备了一间小实验室，给他买一些机械的工具，小拉姆齐一有时间就待在实验室忙个不停，以他自己的想象来创制各种不同的小东西。

正是父亲对拉姆齐好奇心的尊重和鼓励，尽量满足他对科学的学习渴望，为他提供了发挥想象的便利条件，使拉姆齐的创造力得到了充分的挖掘与发挥，为他日后的发展打下了坚实的基础。

在我国古代人们也对好奇心所带来的各种疑问十分重视，北宋哲学家张载就说过这样一句话："在可疑而不疑者，不曾学；学则须疑。"意思是：在学习的过程中，对于应该提出问题的地方而没有提出来，说明没有深入学习，做学问必须要能够提出问题。

世界上的许多发明都源于好奇心。汉代张衡的地动仪发明成功，也是源于他小时候对天文天象的好奇，是好奇心激发了他要观察天象的强烈愿望。

我国著名的近代数学先驱和优秀的教育家熊庆来幼年时就对外界的一切都充满好奇。熊庆来1893年生于云南省竹园坝，父亲熊国栋是一位思想开明的主管教育的地方官员。熊庆来五岁时，父亲就教他识字、练字，他经常向父亲提出各种问题。"为什么"是熊庆来常挂在嘴边的口头语。对此，父亲总是不厌其烦地予以解答。

一天，熊庆来刚刚做完父亲布置的功课，突然大声地对父亲说："爸爸，我有一件事不明白，您告诉我。"说完，他端来一碗水，拿来一支筷子，把筷子插到水里，然后问父亲："爸爸您看，这筷子是折了吗？"父亲看了看，笑着对庆来说："傻孩子，这筷子没有折，是放到水里像折断了一样。"小庆来又接着问："那筷子为什么插到水里就像折了一样呢？"父亲觉得这个问题提得很好，但是，不是一两句话就能解释清楚的，于是就鼓励儿子说："这是一个很有趣的问题，等以后你进了学校，学到了科学知识，有很多问题就明白了。"

熊国栋在工作之余，有时与朋友聚会就带着小庆来，他们之间所谈的人文、地理、时局等问题，都能引起熊庆来极大的兴趣与好奇。父亲见儿子每次都聚精会神地听他们的谈话，眼中闪烁着强烈的渴望，觉得儿子该到了广泛学习知识的时候了，于是就请自己的两个朋友给庆来当家庭教师，让庆来学习法语和数学等自然科学。

老师用心教，学生努力学，几年时间，庆来获得了很多知识。这时老师向父亲建议，庆来需要深造，应该到昆明名校去继续学习。在昆明学习几年后，熊庆来考取了去欧美留学的资格，在父亲的支持下，熊庆来在法国留学八年，于1957年从巴黎回国，在中国科学院数学研究所工作，从事函数论方面的研究。他所定义的"无穷级函数"，被国际上称为"熊氏无穷数"，并载入世界数学史册，从而奠定了他在国际数学界的地位。他不仅自己数学造诣很深，还培养出多名数学家，包括华罗庚先生。

这个故事告诉我们，孩子的求知欲和探索精神，是由对事物强烈的好奇心所激发的。在家庭教育中，父母是孩子的第一责任人，孩子的求知欲和好奇心，才是孩子学习的动力。唤起孩子的好奇心和求知欲，也是父母的责任。

> 1930年，熊庆来在清华大学担任数学系主任时，无意中被一篇刊登在《科学》杂志上的论文所吸引了，而这篇论文的作者，正是当时只有初中学历的华罗庚。
>
> 在仔细阅读了华罗庚所作的论文之后，熊庆来觉得华罗庚是一个数学界百年难得一见的奇才，便向周边的同事打听华罗庚这个人。当知道华罗庚当时是一个只有初中学历的青年的时候，更是大为震惊，为了扶持这位智力和毅力都超越常人的青年，熊庆来毅然决定打破常规，让只有初中文化程度的华罗庚进入了清华大学。在他的培育下，华罗庚成为闻名世界的数学家。

日本的家长很注意保护孩子的好奇心，他们认为孩子的好奇心是与生俱来的，想要孩子有所成就，有所创新，就要呵护引导孩子的好奇心，在孩子提问题时，千万不要说"我在忙"。

而我们有些家长确实因为工作比较忙，压力大，老人的负担重等问题而困扰，对孩子的好奇心不屑一顾，有时甚至当孩子提出问题时，很不耐烦，有的敷衍了事，有的干脆不理不睬，严重挫伤了孩子的求知欲，也挫伤了孩子的自尊心。当孩子对某一事物或者某一现象有了好奇心以后，一般都很急切地想知道问题的答案，但是父母如果拒绝了孩子的提问，孩子找不到得到答案的途径和办法，就会很失望和沮丧，时间长了就会由失望而变得消极。孩子的潜质就得不到发挥和挖掘，兴趣与个性也会随之消失。一个天才可能也就在父母的不经意中被毁掉了。因此，对孩子的好奇心，不可忽视。

## 四、创造力

什么是创造力？创造力是指人类特有的一种综合能力，是指产生新思想、发现和创造新事物的能力。它是成功地完成某种创造活动所必需的心理品质，是知识、智力、能力及优良的个性品质等多种因素综合优化而成的。一个人能否具有创造力，是区分人才的重要标志。

对于创造力，犹太人这样理解："创造力虽然看不见，摸不着，但是它带来的成果却是惊人的。因此，绝不可把它当作可有可无的东西。""聪明的大脑不只善于学习前人的经验，而且还要有创新能力和素质。"

犹太人很重视对孩子创造力的培养，他们认为创造力是人一生中最重要的能力。如果一个人没有创新意识，就没有创新的行动力，没有创新的行动力，就没有知识和智慧的爆发，那么这个人就只能平凡和平庸。

所以，他们的家教，离不开对孩子创新能力的培养和鼓励。培养创新能力，他们从鼓励孩子提问题开始。孩子放学了，父母要先问孩子："今天在学校你提问题了吗？"因为只有动脑思考了才会提出问题，反过来，提问题，又可以促进大脑的思考。因此父母经常鼓励孩子的想象和好奇心，以此来激发孩子的创造力。父母也经常给孩子提出各种问题，让孩子去思考和回答，在这个过程中孩子的思维能力和想象力得到了锻炼。

他们很注意鼓励孩子动手创新，让孩子根据自己的想象做出新的东西来。将创造力落实到实践上，这样孩子的创造力就会得到很好的发挥。

犹太后裔巴拉德成功的经历很好地诠释了创造力的重要性。巴拉德是1998年"财富五百强公司"中仅有的两位女性公司领袖之一。巴拉德从皇后学院毕业后，在化妆品公司中担任过一些重要职务。1981年，被美泰公司聘请，负责芭比娃娃品牌。她大胆泼辣，积极进取，敢于创新，一路晋升。在她的领导下，芭比娃娃的业务规模从两亿美元，提高到了十七亿美元。美泰因此成为当今世界最大的玩具厂商。巴拉德的成功源于从小接受了家庭的创造力培养。

在中国古代，有曹冲称象的故事：有一次，吴国孙权送给曹操一只大象，曹操十分高兴。大象运到许昌那天，曹操带领文武百官

和小儿子曹冲一同去看。曹操的人都没有见过大象。这大象又高又大，腿就有大殿的柱子那么粗，人走近去比一比，还够不到它的肚子。曹操对大家说："这只大象真是大，可是到底有多重呢？你们哪个有办法称它一称？"这么大个家伙，可怎么称呢？大臣们都纷纷议论开来。

一个说："只有造一杆顶大的秤来称。"而另一个说："这可要造多大一杆秤呀！再说，大象是活的，也没办法称呀！我看只有把它宰了，切成块儿再称。"他的话刚说完，所有的人都哈哈大笑起来。有人说："你这个办法可不行啊，为了称重量，就把大象活活地宰了，不可惜吗？"大臣们想了许多办法，一个个都行不通。可真叫人为难呀。

这时，从人群里走出一个小孩，对曹操说："父亲，我有个法子，可以称大象。"

曹操一看，正是他最心爱的儿子曹冲，就笑着说："你小小年纪，有什么法子？你倒说说，看有没有道理。"

曹冲趴在曹操耳边，轻声地讲了起来。曹操一听连连叫好，吩咐左右立刻准备称象，然后对大臣们说："走！咱们到河边看称象去！"

众大臣跟随曹操来到河边。河里停着一只大船，曹冲叫人把大象牵到船上，等船身稳定了，在船舷上齐水面的地方，做了一条标记。再叫人把大象牵到岸上来，把大大小小的石头，一块一块地往船上装，船身就一点儿一点儿往下沉。等船身沉到刚才做的那条标记和水面一样齐了，曹冲就叫人停止装石头。

大臣们睁大了眼睛，开始还不明白怎么回事，看到这里不由得连声称赞:"好办法!好办法!"现在谁都明白,只要把船里的石头都称一下,把重量加起来,就知道大象有多重了。

曹操自然更加高兴了。他眯起眼睛看着儿子,又得意扬扬地望望大臣们,好像在说:"你们还不如我的这个小儿子聪明呢!"

### 曹冲称象的原理

"曹冲称象"在中国几乎是老少皆知的故事。年仅五六岁的曹冲,利用漂浮在水面上的物体的重力等于水对物体的浮力这一物理原理,解决了一个连许多有学问的成年人都被难倒的大难题,这不能不说是一个奇迹。

实际上,聪明的曹冲所用的方法是"等量替换法"。用许多石头代替大象,在船舷上刻划记号,让大象与石头产生等量的效果,再一次一次称出石头的重量,使"大"转化为"小",分而治之,这一难题就得到了圆满的解决。

等量替换法是一种常用到的科学思维方法,在解决科学问题上发挥了很大的作用。

还有司马光砸缸救人的故事,这些都表现了他们的机智和果敢,富有创造力。

我国当代著名国画家和美术教育家李苦禅先生曾得到他的老师齐白石这样的评价:"英(李苦禅原名英杰)也夺吾心,英也过吾,英也无敌,来日英若不享大名,世间是无鬼神也。"这是老师对他极高的赞誉。

李苦禅的儿子李燕继承了父亲的天赋，在绘画上也具有很深的造诣。但是，父亲要求儿子："画自己的东西，创自己的笔墨，自成风格。他用一个道士的故事来启发儿子：曾经有两个道士，看见一个瞎眼老人走过来，正巧路中央有一块大石头挡住了去路，一个道士对老人说，你从左边绕过去；另一个道士说，你从右边绕过去。老人想想，左也不是，右也不是，左右为难。干脆谁的话也不听，从石头上蹦过去。"李苦禅对儿子说，画画也是这样，不能人云亦云，落入前人窠臼。

齐白石先生常对他的学生说"学我者生，似我者死"。李苦禅深谙老师之意，所以他对儿子说："老师几十年画成了虾蟹，你若还照样地画虾蟹，就不会有什么出息了。画自己的东西，创自己的笔墨。"

李燕在父亲的悉心指导下，在绘画中坚持自己的创意，在传承父亲画风的基础上，融入自己的创新意识，形成了自己独具一格的画风。

由此而论，成功之道，在于灵活地运用创造性思维。鼓励孩子的创造力就是培养有智慧的未来成功者。而且，要从小开始，许多科学家和伟大的发明家都是从小开始创造的。

英国教育家伊丽莎白·哈特利·布鲁尔说："同我们的父辈相比，我们更加感到有必要调动子女自己的自主性和创造性，我们只要告诉孩子，如果他们打算在就业市场上找到一席之地，就必须考出好的分数。但是，如果我们过多地催促子女上进，便会适得其反，压抑他们与生俱来的才华和独创性。"

日本的中小学很重视创新教育,他们教育孩子利用各种废旧物品制作各种模型;日本的父母也会通过各种游戏来培养孩子的创造力。

一位在日本的华人记者叙述了她在日本家庭里参与孩子游戏时与日本妈妈的一段对话和感受:

记者:玩游戏如何能培养孩子的创新能力呢?我有点怀疑。

日本妈妈:当然没有直接的关系,但是可以发挥潜移默化的作用,所以不能小看啊!

其实,玩游戏的作用是激发孩子参与的意愿,再来激发孩子的兴趣。不同的游戏有不同的玩法,也有不同的作用与效果。比如,和孩子玩图片分类和比较的游戏,可以让孩子学会归纳。

像是扮家家酒这类游戏,需要孩子自己想象游戏的环境和与之相关的环节,在这个过程中,孩子们不仅能体验到一个未知的世界,还能训练自己分配角色、制定规则的能力,这也有利于孩子创造力的培养。

记者:可惜现在的孩子玩游戏的机会好像比我们小时候少多了,因为很多父母不爱出门,不爱带孩子出去。还有些妈妈不喜欢孩子和其他小朋友一起玩,怕孩子碰倒或摔伤。

日本妈妈:如果想培养孩子的创造力,父母应该多给孩子自由的空间与时间,孩子想玩什么游戏、想和谁游戏,不要干涉太多,这样才能让孩子感受到游戏的乐趣,愿意创造新游戏，从而使孩子的个性及创造力都得到发展。

同时，不要让孩子看太多电视或玩太多电脑游戏。日本的教育专家认为，经常看电视、玩电脑游戏会让孩子失去自己创造乐趣的动机。所以，父母应该设法提高孩子"玩耍的能力"，以激发孩子的创造力，如果时间允许，父母可带孩子去野外，既让孩子享受到与动植物、大自然亲近的乐趣，又锻炼了孩子的身体与创造力。

目前我们中国的家长对于孩子创造力的重视程度与国外相比有一定的差距。更多的中国家长还是喜欢孩子本分听话，规规矩矩，不太喜欢有奇思怪想的孩子。孩子的一些与大人不一致的想法和行为也常常被大人视为不听话或不懂事而扼杀了。然后家长就按照自己的设想和希望去管教和包装孩子。长此以往，孩子也习惯了家长的包办和管制，自己也不再有任何突发奇想。学校的教育更是如此，不是鼓励创新，而是听老师的话。对老师的讲课内容如果提出异议，就有可能被老师认为是故意捣乱，因而遭到老师的批评，或者被视为坏学生。甚至大学的课堂也很难听到与老师观点不一致的争论。所以，我们的家长需要尽快警醒，要在日常生活中有意识地开始培养孩子自己的思维能力，积极鼓励孩子去创新，让他逐渐学会去创造。

## 第五章 美育篇

美育者，应用美学之理论于教育，以陶养感情为目的者也。美育者，与智育相辅而行，以图德育之完成者也。——蔡元培美育是培养人的审美感受力、鉴赏力、创造力和判断力的教育，在所有的教育体系中，具有不可替代的作用和价值。它具有超强的感染力，可以超越时空和民族、国界。中国一直有美育的传统，《尚书·尧典》中就有舜帝命夔"典乐"（掌管音乐）以"教胄子"（教育子弟）的记载。而孔子最早提出美育理论，他在教育实践与理论的探索中，形成了独特的美育思想。孔子非常重视艺术的审美功能，他认为审美和艺术在社会生活中可以起到积极的作用。他说："《诗》可以兴、可以观、可以群、可以怨。迩之事父，远之事君；多识鸟兽草木之名。"（《论语·阳货》）孔子认为，诗，可以把人的意志、情感、艺术想象力激发出来，可以以此观察社会民俗与风情，可以教育感化人民，或是起到讽刺的作用。所以，近可以侍奉父母，远可以以此侍奉君主；而且民众会从中多了解鸟兽草木的名称。因此孔子教育自己的儿子伯鱼曰："汝为《周南》《召南》矣乎？人而不为《周南》《召南》，其犹正墙面而立业与？"（孔子问儿子："你研究过《周南》《召南》这两首诗吗？人如果不研究《周南》和《召南》这两首诗，就好像面对墙面站着无法与人交谈呀！"）

中国的传统文化是一种礼乐文化，古代统治者和许多思想家都比较重视音乐的教化作用，荀子认为："夫乐者，乐也，人情之所不能免也。而夫声乐之入人也深，其化人也速，故先王谨为之文。"（《荀子·乐论》）

孔子提出："兴于诗，立于礼，成于乐"。他认为诗书礼乐是美育的重要途径。在评论音乐的审美价值时，孔子使用了

"美""善"两个词，这体现了孔子的美学观念，艺术不仅是美的，同时也是善的。唯有尽善尽美，才是一种"大美"，是"仁"。

他还提出："质胜文则野，文胜质则史，文质彬彬，然后君子。"

君子，是孔子美育培养的理想人格目标。

## 一、音乐情趣

　　孔子就是一个受过美育教育的人,他有一个知书达理、懂音乐、懂教育的母亲。在孔子小的时候,他的母亲就买来好多乐器弹奏给孔子听,教孔子学。母亲有时亲自教他弹奏,有时请来老师教孔子学。邻居们经常听到他家传出来的琴声,忍不住好奇地问他母亲:"孩子这么小,能听得懂吗?"母亲回答说:"正因为他还小,才让他经常听,不断地学,这样他就会渐渐地听懂,渐渐地学会,慢慢地他就会喜欢了。"孔子的母亲还说:"乐器也是一种礼器,礼器讲究的是礼仪与规矩,没有规矩就不成方圆;音乐是讲究章法的,没有章法就演奏不出和谐的乐章,章法与规矩,同出一辙,殊途同归。如果要想孩子懂礼仪,讲规矩,音乐的教育很重要。"在母亲的引导教育下,孔子渐渐地喜欢上了音乐。学会了多种乐器,吹拉弹唱样样精通。随着年龄的增长和学问的提高,孔子已经把音乐上升到了礼仪的高度,从音乐中领悟了许多做人的道理,还有社会治理的方法。孔子长大以后,很重视人格的修养,以及人的道德品质方面的教育。他常说:"品德不能修养,学问不讲求,听到义却不能身体力行,有缺点不能改正,这是我忧虑的。"他作为老师,很注重六艺的教育。他说:"志于道,据于德,依于仁,游于六艺。"意思是说,教育学生,要立志求道,立足于德,做事靠仁,游乐于礼、乐、射、御、书、数六艺中。孔子把音乐作为六艺的重要内容，极大地肯定了音乐对人所具有的教化作用。《论语·述而》记载，"子在齐闻《韶》，三月不知肉味。曰：不图为乐之至于斯也！"意思是，孔子在齐国听到《韶》这种乐曲后，竟然在很长时间吃肉也感觉不到肉的滋味，他感叹道："没想到欣赏音乐竟然能达到这样的境界！"《韶》乐是赞美舜的乐章，是当时的经典古乐。孔子听了《韶》乐以后，在很长时间内品尝不出肉的滋味，虽然这是一种夸张的说法，但是却说明孔子的音乐素养很高，对于音乐的感悟很深，也说明音乐具有很强的教化的作用，具有穿越时空的感召力，可以直接作用于心灵，修养心性。

有一次孔子向鲁国的乐官师襄学琴，他弹了一首曲子，一连弹了十日都不换，师襄建议他换一首曲子，孔子说："我虽然熟悉了这个曲子，但还没有领悟到它的意蕴。"过了几天，师襄说，"你弹得很好了，换一个曲子吧！"孔子说："我还没理解它的含义。"又过了几天，师襄有些不耐烦地说："你已经理解这首曲子的含义了，可以换一首了"。孔子说："我还没有想象出曲子里所描写的人物形象呢！"又过了几天，孔子终于放下琴，若有所思地向远方眺望，一会儿，他突然说："我看到了，音乐里的这个人

高大而皮肤黝黑,目光炯炯有神,颇有统一四方之志,他就是周文王!"师襄听了,惊呼道:"哎呀,这个曲名就叫《文王操》呀!"

### 孔子学琴

孔子学鼓琴师襄子,十日不进。师襄子曰:"可以益矣。"孔子曰:"丘已习其曲矣,未得其数也。"有间,曰:"已习其数,可以益矣。"孔子曰:"丘未得其志也。"有间,曰:"已习其志,可以益矣。"孔子曰:"丘未得其为人也。"有间,有所穆然深思焉,有所怡然高望而远志焉。曰:"丘得其为人,黯然而黑,几然而长,眼如望羊,如王四国,非文王其谁能为此也!"师襄子辟席再拜,曰:"师盖云《文王操》也。"

(节选自《史记·孔子世家》)

孔子对音乐的领悟能力不断提高,他在音乐的旋律中不仅能悟出许多深刻的道理,还熟练地掌握了音乐本身的规律。他对鲁国太师说:"乐其可知也;始作,翕如也;从之,纯如也,皦如也。绎如也,以成。"意思是说:"音乐的规律是可以掌握的,开始的时候要协调,接下来演奏,五音可以达到精粹,节奏逐渐明晰,继而音律不绝,一个曲子就完成了!"他明白一个道理:音律协调了,就能演奏出悦耳的乐章。后来孔子整理了"六经"之一的《乐经》。从音乐中孔子悟出了德政与做人的道理:那是孔子思想核心中的最高境界，其实质就是"爱人"，即建立一个人伦有序、重礼、融洽、和谐的社会。所以他提倡以德治国。与德政思想相适应，孔子还提出了一系列有关人生道德修养的论点和见解，孔子认为，"仁"的实现，要通过礼来达到，"克己复礼为仁"。克己，既是人修身养性、培养高尚操守的过程，也是实现"仁"的途径。因此，克己，就是克制自己的私欲，使自己的行为符合"礼"的规范。在《论语》里，孔子提出了一系列人的行为准则和规范，来说明这个道理；如"孝悌""忠恕""恭""宽""信""惠"等内容，由"修己"达到"崇德"，最后成为尽善尽美的理想中的君子、圣人、贤者。后来孔子创立了儒家学说，这些都成为儒家学说的重要内容。

孔子母亲对儿子的音乐教育是非常成功的。音乐作为一种艺术形式，对儿童的感染力是很大的。通过学习音乐来陶冶孩子的性情，使其通过音律之间的和谐关系，来调整人与社会、人与人之间的关系是非常有效的。孔子的母亲因为教子有方，被称为"圣母"。

为了培养"行道以利世"的实用型人才，颜之推在《颜氏家训》中提倡"实学"的教育内容，同时提出实用型人才应该是"德艺同厚"，所谓的"德"，是恢复儒家的传统道德教育，加强孝悌仁义的教育。所谓"艺"，即恢复儒家的经学教育并兼及"百家之书"，以及社会实际生活所需要的各种知识和技艺。

关于"艺"的教育，颜之推认为，当以《五经》为主。学习其中的立身处世之道。此外，还有"杂艺"，这主要指在当下社会可以自食其力的各种技能，内容比较广泛，包括文章、书法、弹琴、博弈、绘画、算术、医学、卜筮、习射等。这些"杂艺",在生活中都具有实用的意义和娱乐的价值,但是颜之推认为,这些"杂艺"可以兼明,不可以专业。

颜之推的"艺"的教育,就是我们今天的所谓美育,"杂艺"的内容很多也都是我们今天美育教育的内容。其"可以兼明,不可以专业",正是美育与专业教育的区别。

音乐还是一种寓教于乐的教育方式,古人云:"乐则生矣。学至于乐,则自不已,故进也。"寓教于乐的音乐教育是生动活泼的而且是愉快的。伟大的革命家李大钊就很重视美育,他家堂屋的墙上挂着一幅画,画的是一位抱着琵琶在演奏的少女和一群围绕着少女的孔雀、仙鹤等各种动物。李大钊很喜欢这幅画,他对孩子们说:"你们看,音乐的吸引力有多大呀!你们看这个少女的琵琶声吸引了这么多的动物和飞禽,它们都陶醉在音乐的声音之中。"于是他经常教孩子们唱歌,一边唱歌,一边讲解歌词的内容。为此他还特意买了一台旧风琴,他弹琴,孩子们唱歌。在愉快轻松的气氛中,李大钊教会了孩子们唱《国际歌》《中国少年先锋队队歌》等革命歌曲,使孩子们从小就懂得了革命道理。

柴可夫斯基是俄罗斯最伟大的作曲家。因为他作品繁多,题材广泛,被称为"俄罗斯之魂"。他的成长,得益于音乐的培育。

1840年,柴可夫斯基出生在俄国沃金斯克一个普通家庭里。父亲是矿区的工程师,母亲是一个家庭主妇。但是母亲非常喜欢音乐,经常哼着俄罗斯的乡土民歌,哄着小柴可夫斯基。还是婴儿的柴可夫斯基经常在母亲的小曲中进入梦乡。

由于上班路途比较远,父亲总是骑着马去上班,小柴可夫斯基每天就在"踢踏""踢踏"的马蹄声中盼着父亲下班回家，慢慢地他会随着马蹄的节奏挥舞着小手来迎接父亲。

在柴可夫斯基五岁生日的那天，父亲给儿子买了第一件生日礼物——一个八音盒。当父亲给小盒子上满了发条，盒子里立刻响起了美妙动听的乐曲声。小柴可夫斯基高兴得蹦了起来。听完了乐曲，他问父亲："爸爸，这是什么音乐，真好听。"父亲说："这是莫扎特叔叔写的曲子，你长大了就会知道更多。"

从此，八音盒就成为柴可夫斯基的朋友，一直陪伴在他身边。他每天都会沉浸在莫扎特的音乐声中，去遐想着乐曲中的故事。

也是在音乐声中，柴可夫斯基对音乐有了极为敏锐的感受能力，因此他更加酷爱音乐。父亲工作地附近有一座教堂，长大一点的他，就常常跟着父亲到教堂，听着里边传出来的赞美诗的歌声。后来父亲惊讶地发现他竟然能在钢琴上弹奏出有旋律的曲子，便送他进学校开始正式学习音乐，从此柴可夫斯基走上了音乐的道路。

柴可夫斯基的父母并非有意培养孩子成为音乐家，但是母亲的小曲和父亲的八音盒激发了他对音乐的极大兴趣，培养了他对音乐的超常感悟能力，为他在音乐方面的造诣奠定了坚实的基础。

罗曼·罗兰是19世纪末至20世纪初的法国著名现实主义作家。1915年因创作了长篇小说《约翰·克利斯朵夫》而获得诺贝尔文学奖。罗曼·罗兰所取得的成就也同样源于音乐。《约翰·克利斯多夫》写的就是一个音乐家成长的经历。

罗曼·罗兰小的时候，对外界的一切都充满好奇和遐想，母亲酷爱音乐，感情细腻，对儿子的一切都看在眼里。于是母亲就决定用音乐来培养他的艺术感受力。刚开始，母亲亲自教他弹琴，教他基本的音乐常识，罗曼·罗兰学得很快。后来母亲觉得自己的能力已经不能满足儿子的需求了，就在巴黎给他找了一个更好的老师——与作曲家肖邦很熟悉的钢琴家约瑟芬·马丹。

平时，母亲还从生活费中省出一些钱来，经常带罗曼·罗兰去听音乐会，后来就每周让儿子自己去听音乐家的演奏。罗曼·罗兰回忆自己童年的往事时感慨地说："是母亲的音乐，给我带来了快乐，让我感受到了文学艺术的魅力。"没有小时候妈妈的音乐教育，就不可能有后来的文学成就。虽然他没有成为音乐家，但是音乐，相伴他终生。

## 二、美术素质

美育的载体不仅有音乐，还有美术、文学、书法等，都是美育的重要内容。

在古希腊，人们习惯于用绘画来培养孩子的观察力、想象力和创造力。他们把美丽的颜色看成是天使的色彩，不惜重金聘请最好的老师来教孩子绘画。他们并不想把孩子培养成画家，只是想通过画画来培养孩子的性格，培养孩子的审美情趣和鉴赏力。通过绘画使孩子的观察力、想象力和创造力都能得到快速提高。最重要的是他们认为学绘画能提升孩子高雅的气质，使他们成为贵族。

巴赫西斯，是古希腊的绘画大师，被称为"画家之王"。他有一篇名作《赛跑者》，画得形象逼真，画中的运动员筋疲力尽，身上汗珠欲滴，给人一种画中人马上就要跌倒的真实感，为此而蜚声中外。

巴赫西斯在教孩子绘画时，根据孩子的不同特点而采取不同的方法，来激发孩子对绘画的兴趣：或者教孩子画壁画，或者教孩子做版画。在内容上，他常常选取孩子最感兴趣的题材，来激发孩子的创作热情。他还经常带孩子到野外去，让孩子们去观察大自然，在孩子的视野中去任凭孩子发挥自己的想象，来训练孩子的审美能力。

巴赫西斯的教学方式得到了很多人的赞誉，许多画师纷纷效仿。很多孩子在绘画艺术中得到了美的陶冶，其品德和情操也得到了提高。

在中国古代，琴棋书画的技艺也成为人的文化修养的体现。书法是一种体现性情的艺术，是中国所特有的文人艺术修养的呈现。书法形式多样，风格各异，有端庄遒美的，有苍劲古朴的，它是一种灵活多变的、能够囊括文人各种情感的艺术。它与文人们融为了一体，字如其人，一个人的字能够真实地反映出他的文化素养。

而作为绘画艺术来说，在漫长时期的发展过程中形成了追求更高精神体现的高妙境界。中国的绘画与书法一样在人类诞生之初就已经开始形成，书画虽然后来分离为两种形式，但是它们在精神上却是高度统一的。如唐代王维的诗画被人称作"诗中有画，画中有诗"；而中国的水墨画也体现出一种诗意的写照。中国古代许多文人都是书画文兼具，如王维、苏轼、郑板桥等，他们既是画家，也是诗人和文学家。画与诗，都是他们人格与品行的体现。王维在他的山水画中，表现了他对禅意的追求；郑板桥的兰和竹，正是他高洁品格的象征。

苏轼提倡"浩然听笔之所之，而不失法度，乃为得之"（《论书》）。胸中有浩然之气，便能发之于胸，应之以手，便能听笔之所至，犹如万斛泉源，不择地而出，在平地滔滔汩汩，虽一日千里也不难。及其与山石曲折，随物赋形而不知也。所可知者，"常行于所当行，常止于不可不止"。

书法是作者个性的体现，反映了他们真实的人生态度。苏轼就为自己立下规矩，遇到下列五种情况，绝不提笔赠书，这就是史上有名的"五不写"。

第一，限定字体大小的不写。东坡认为求书的人，居然限定字的大小，可见他的用意根本不在乎笔法的工拙，大概怕字体太大浪费纸张吧！既然担心浪费纸张，又何必多此一举，浪费笔墨呢？

第二，不认识、未曾谋面的人不写。苏轼认为，我既然不认识他，就不便随便落款赠送，假如字落在一个乡野鄙夫手中，岂不是对牛弹琴，如何舍得？

第三，绫绢不写。苏轼认为绫绢该用来做衣服，不该用来写字。如果用绫绢写字，神明都要禁止的。

第四，想借他的字画扬名后世的不写。当时有些文人想让自己的文章通过他的笔法写出，以求彰显于后代。苏轼非常生气，他认为这种方式未免太卑鄙无耻了，世人不凭正当手段求得门径，却只会钻营、巴结，这种邪风杜绝还来不及，怎么能再助长呢？

第五，文无深意，无法下笔不写。如果所写的文章没有内容，欠缺深意，必然格调浅陋，当然写不得了！

苏轼的"五不写"彰显了他直爽的性格以及对待艺术严谨的态度。

晋代大书法家王羲之,不仅以其书法扬名海内外,而且他的《兰亭集序》写得疏朗简净而韵味深长,突出地代表了王羲之的散文风格。其语言清新,朴素自然,玲珑剔透,朗朗上口,很富有表现力,是古代骈文的精品。其朴素的行文与东晋时的雕章琢句、华而不实的文风形成鲜明对照,被人交口称赞。

由此可见,作为美育的一种形式,无论是绘画还是书法,都能对人起到陶冶的作用。

## 三、文学修养

古希腊有一句名言:"要想使孩子健康地成长,懂得是非,长大后成为英雄人物,那就让他阅读神话故事,为思维插上想象的翅膀。"古希腊是一个信仰多神的国家,在这个国度里,一草一木一山一水都有自己的神,所以,古希腊几乎所有的艺术形式都来自于神话。孩子们就生活在神话故事里。那些充满趣味的神话,打开了孩子们的眼界,拓宽了他们的视野。那些神奇的故事给了孩子们无限的想象空间,也为他们展现了一个充满魅力的世界。在孩子们刚刚能听懂话的时候,他们的父母就开始给他们讲故事,随着孩子们一天天长大,他们渐渐地能从神话故事里看到社会与人生,因而学会了怎样生活。

古希腊也是一个充满诗意的国度,从公元前12世纪到公元前8世纪的近四百年时间里,诞生了反映时代精神的《荷马史诗》,那个时代也被称为"荷马时代"。

在古希腊,有一个双目失明、以卖艺为生的艺人,他每天都弹着七弦琴,在王宫门前或民众的集会上唱着自己的诗,以此来换得路人给的一点食物,晚上就露宿在街头。这个人就是荷马。

荷马饱含深情地唱着希腊人在特洛伊战斗中浴血奋战、英勇杀敌的事迹,后人称这个故事为《伊利亚特》,还有伊达卡国王奥德修斯在战后返回故乡的故事,人们称它为《奥德赛》。

每当荷马沉浸在自己的诗歌中时,他的周围都会有一群孩子在聚精会神地听。其中有一个孩子常常学着荷马的样子，在小朋友玩游戏时，也唱着歌，手捧着七弦琴。小朋友们称他为"小荷马"。

荷马所唱的每一个故事场景都能引起小荷马无尽的遐想，他被史诗中所描写的遥远而神奇的世界所吸引，所感动，因而在脑海中涌现出一个想法：长大了也要成为一名保卫国家的英雄。

后来，荷马在他的歌声中离开了这个世界。小荷马就像老荷马一样，继续吟唱着史诗中的故事。也依然有很多像小荷马这样的小听众围着小荷马在听。

古希腊著名教育家柏拉图说："荷马教育了希腊人。"古希腊的孩子在《荷马史诗》中长大，史诗中的人文精神使他们懂得了什么是爱，怎样做人。

《荷马史诗》是两部长篇史诗《伊利亚特》和《奥德赛》的统称，这两部分的主题分别是在特洛伊战争中，阿喀琉斯与阿伽门农间的争端，以及特洛伊沦陷后，奥德修斯返回伊萨卡岛上的王国，与妻子珀涅罗珀团聚的故事。《荷马史诗》是对早期英雄时代大幅全景的展现，它以整个希腊及其四周的汪洋大海为主要背景，充分展现了自由主义。《荷马史诗》是古代希腊从民族社会过渡到奴隶社会的一部社会史、风俗史，在历史、地理、考古学和民俗学等方面具有很高价值。这部史诗也表现了人文主义的思想，肯定了人的尊严、价值和力量，被誉为"希腊的圣经"。

文学对人的教育作用是巨大的，我国当代文学巨匠巴金先生从小就接受了中国传统文化的熏陶，在他小的时候，母亲经常给他诵读古代诗词，古诗词的韵律在母亲口中就像儿歌一样朗朗上口，吸引着小巴金。他也像唱儿歌一样跟着母亲吟诵。

母亲还常常把诗词抄写到本子上，到了晚上，把孩子们都叫到自己身边，每人发一个小本子，让孩子们看着本子上的诗词，母亲教他们一个字一个字地念，这样孩子们既认识了本子上的字，又学会了朗诵诗词。然后母亲就给他们讲解诗词的意思，教他们怎样欣赏古代的诗词。渐渐地巴金和兄弟们不仅学会了朗诵诗词，还能深入领会其艺术意境，并被其艺术魅力所吸引，对文学产生了极大的兴趣。也许是母亲的影响，也许是幼年这一段难得的读书经历，使巴金爱上了文学，成为蜚声世界的文学大师。

由此可见，美育不可或缺。一百年前，蔡元培先生就提出"以美育代宗教"。从学理上，美育与宗教是不可以相互替代的，但是从中国当时的社会现实和传统文化的心理来看，以美育代替宗教又是非常必要而切中时弊的。

今天我们提倡的美育，实际上是让美育在培养孩子全面发展的素质教育中发挥其作用。美育的意义与作用在于提升人的精神境界，通过文学艺术的审美活动来陶冶人的性情、人的情操，以此来传承中华传统文化的礼仪。其实美育与德育虽然内涵和方式不同，但是它们是相互关联、相互促进的。人的行为和欲望是需要用道德教育来约束和规范的；而人的高尚情操、人的想象力、创造力、审美情趣又是必须靠美育才能得以实现的。因此，在整个人类发展过程中，美育具有不可替代的意义与价值。

总之，无论哪些教育内容，哪一种教育方式，目的都是教育孩子如何做人，如何成为一个心地善良、品行端正的人。